九型人格学

工作爱情实用篇

陈淑慧 著

中国宇航出版社
·北京·

著作权合同登记号：图字：01-2020-7384号

图书在版编目（CIP）数据

九型人格学：工作爱情实用篇 / 陈淑慧著. -- 北京：中国宇航出版社，2021.1
ISBN 978-7-5159-1890-7

Ⅰ. ①九… Ⅱ. ①陈… Ⅲ. ①人格心理学－通俗读物 Ⅳ. ①B848-49

中国版本图书馆CIP数据核字（2020）第264836号

责任编辑 白希国　　**封面设计** 李　松

出版发行	**中国宇航出版社**		
社　址	北京市阜成路8号	**邮　编**	100830
	(010)60286808		(010)68768548
网　址	www.caphbook.com		
经　销	新华书店		
发行部	(010)60286888		(010)68371900
	(010)60286887		(010)60286804(传真)
零售店	读者服务部		
	(010)68371105		
承　印	北京中科印刷有限公司		
版　次	2021年1月第1版		2021年1月第1次印刷
规　格	710×1000	**开　本**	1/16
印　张	16	**字　数**	249千字
书　号	ISBN 978-7-5159-1890-7		
定　价	48.00元		

本书如有印装质量问题，可与发行部联系调换

献给所有懂得珍惜自己生命、
决意提升自己的你们。

作者的序

太感谢了！我为此书能顺利完成而感恩……

这么多年来，我一直都有一个心愿，希望能把自己在心灵成长过程中得到的一些体会与人分享，让别人能更了解自己，放下执着，重新从迷失中寻回真我，以爱及慈悲对己对人，在生命中活得快乐和有意义。

经过断断续续的用心写作，约两年后，我终于把这本书完成了。但料想不到，最后获得最大收获的反而是我自己。在本书写作过程中，我试过好几次，感动得哭了出来。有的时候是因为我在研习的路途中，对自己及生命有所领悟。另外的时候，是当我要亲身代入不同性格类型去写下他们的感受时，我也真的感受及体会到别人的原始伤痛，原来易地而处是那样为难。这段旅程，对我来说，的确是一个宝贵的经历。

九型人格学问是一张人类心灵的通行证，让我们能有机会进入别人的内心世界走一趟。走进别人的心境里看，发现原来同一情况，别人和自己看到及感受到的，居然是如此的不同。渐渐地，我学会了以更多的角度去看待事情，对人也产生了更多的谅解，更易做到原谅及忘记（forgive and forget），人也轻松及释怀多了。

在此，我衷心感谢我的父母，他们两位给了我无限的爱心支持。老爸、老妈，我爱你们！我也要感谢一众好朋友，他们献出了很多宝贵的时间，为我这本书及开办的工作坊，坦诚及毫无保留地分享了他们的内心世界，这份友情及两肋插刀的义务帮忙，实在令我非常感动。各位兄弟姐妹，恕因人数众多，不能在此一一道谢了。当然，更少不了要感谢与我一起构思内容，替我打字，后期与我火眼金睛、不眠不休地对稿的“幕后制作拍档”黄苑洁，她的协助使我能坚持把这本书完成。我对她给予的支持，实在是无言感激。苑洁，非常感谢您！

最后，我也要感谢您。是您，不用东张西望！亲爱的读者，您选择拿起这本书，又阅读了我的序，我当然要感谢您的捧场！不要放下来，请继续细心阅读下去，希望您能有所收获，并能欣赏我为您画的漫画插图。

陈淑慧

2007 年 6 月于香港

“幕后制作拍档”的话

阿乔开着车，察觉阿庄的车子在旁边超越了。阿乔踩尽油门仍追赶不上，于是怀疑自己的技术，继而感到惭愧、自责。到达目的地后，看见阿庄费劲地把车停在两部车之间，而自己则轻松地停好了车。阿庄停好车后，就破口大骂停车场的规划有问题，并怒视阿乔，对其轻松停好车很不服气。——事实是阿乔开的是小车，而阿庄开的是大车。

对上面的故事，您大概不以为然。两人怎么会看不到自己与别人的车子的区别及特点？无谓地自责，无故地把责任推卸到别人身上，皆无助于解决问题，也损害彼此之间的关系。但如果我们心平气和地细心观察自己及身边的人，会发现很多人包括我们自己也经常因看不清自己及别人而产生困扰和烦恼。

当看到人们因某些盲点看不清真相，因此感到迷惘，或者与身边的人产生误会甚或更大的冲突，我会感到很难过。因为其实只是一念之差，人们就可以豁然开悟，问题也就迎刃而解。

我个人认为九型人格学说容易理解，颇能解释性格行为与人际关系等现象，能够让人们学习认识自己及别人。后来，承蒙陈淑慧小姐邀请，我参与制作这本能让别人变得更优秀的书，让更多人能从中受益。

您已经对这本书感兴趣，相信您已开始有面对自己的勇气。阅读第二章，多留意自己，自省能力也会逐渐提高。然后放下您的固执，以开放的心灵接受自己。无论您是哪种性格的人，您都有您的特长，正如小车大车一样。

如何多发挥您的特长，克服您的弱点呢？第三章是最重要的。拿出您的耐性，切实地使用那些方法。尝试每个方法都用两三个星期，然后再反思检讨，几个月下来必有心得。有时候效果未必如您所愿，那是您有太多期望的缘故。

放下您的期望，只管体验。尽力以后，大可放下，重新出发。陈淑慧小姐是一个很有爱心的人，对生命、对人们充满热诚，投放了很多心力改善自我及别人的生命，充分发挥上天赋予她的才华。尽管淑慧和我都想把这件事做得尽善尽美，但各自的角度不同，加上每天心情不一，于是制作过程中产生了不少火花。然而，相对让别人变得更优秀这个大目标，其他的其实都是枝叶。互相包容差异后，发现其他的方法也是可行的，正如各种性格的人，理解事情的角度没有绝对的对错一样。这个过程也是我自己的成长之旅。感谢淑慧！

九型人格是一把钥匙，一把用来打开认识自己的大门的钥匙。这是一个开始，一个好的开始。

黄苑洁

2007 年 6 月于香港

书中的漫画插图均为作者手绘。翻开本书，这些插图会帮助你更好地理解各种性格类型，让你亲身体验每种性格类型的特征，切实感受不同类型人格丰富的内心世界。

你真的想
变优秀吗？
9
8
7
6
5
作
者
6

你只要细阅这本书便可掌握如何把自己性格类型最好的一面表现出来！那时候你一定是一个很优秀的人！

“幕后制作拍挡”
少说废话吧！快些介绍我们九位九型人格的人物代表出场，由他们向读者细心介绍每个性格类型的特质吧！

有请九位
九型人格
类型的
代表！

8 9 1
7 2
6 3
5 4

目录

第一章 九型人格基本知识

什么是 Enneagram? ······ 002
解读 Enneagram 图形 ······ 004
九型人格学说的来源及发展 ······ 007
九型人格的广泛应用 ······ 009
性格的形成及认识自己性格的重要性 ······ 009
为何选择以九型人格学问来认识自己及提升自我? ······ 011
学习九型人格须注意的事项 ······ 012
3 个智能中心与九型人格的关系 ······ 014
把九型人格的类型作不同的分类 ······ 017
如何找出自己的性格类型 ······ 018

第二章 各种性格类型剖析

1 号性格　要求完美的检察官 ······ 024
2 号性格　成就别人的爱心大使 ······ 035
3 号性格　追求成功的形象先锋 ······ 046
4 号性格　追随感觉的自我表达者 ······ 057
5 号性格　理性分析的旁观者 ······ 069
6 号性格　寻求安稳的问题专家 ······ 081

7 号性格　追求开心体验的火麒麟……093
8 号性格　有胆识的义气大佬……104
9 号性格　与世无争的和谐追寻者……116

第三章　各种性格类型的成长策略

1 号性格　要求完美的检察官……128
2 号性格　成就别人的爱心大使……133
3 号性格　追求成功的形象先锋……137
4 号性格　追随感觉的自我表达者……141
5 号性格　理性分析的旁观者……145
6 号性格　寻求安稳的问题专家……150
7 号性格　追求开心体验的火麒麟……155
8 号性格　有胆识的义气大佬……160
9 号性格　与世无争的和谐追寻者……164

第四章　如何与各种性格类型的老板／上司相处

当 1 号是你的老板 / 上司时……170
当 2 号是你的老板 / 上司时……171
当 3 号是你的老板 / 上司时……172
当 4 号是你的老板 / 上司时……173
当 5 号是你的老板 / 上司时……174
当 6 号是你的老板 / 上司时……176
当 7 号是你的老板 / 上司时……177
当 8 号是你的老板 / 上司时……178
当 9 号是你的老板 / 上司时……180

第五章　如何与各种性格类型的下属相处

当 1 号是你的下属时…… 182
当 2 号是你的下属时…… 183
当 3 号是你的下属时…… 184
当 4 号是你的下属时…… 185
当 5 号是你的下属时…… 186
当 6 号是你的下属时…… 188
当 7 号是你的下属时…… 189
当 8 号是你的下属时…… 190
当 9 号是你的下属时…… 191

第六章　如何与各种性格类型的伴侣相处

当 1 号是你的伴侣时…… 194
当 2 号是你的伴侣时…… 195
当 3 号是你的伴侣时…… 196
当 4 号是你的伴侣时…… 198
当 5 号是你的伴侣时…… 199
当 6 号是你的伴侣时…… 200
当 7 号是你的伴侣时…… 202
当 8 号是你的伴侣时…… 203
当 9 号是你的伴侣时…… 204

第七章　如何分辨相似的性格类型

分辨 1 号和其他的性格类型 208
分辨 2 号和其他的性格类型 213

分辨 3 号和其他的性格类型……218
分辨 4 号和其他的性格类型……221
分辨 5 号和其他的性格类型……223
分辨 6 号和其他的性格类型……226
分辨 7 号和其他的性格类型……228
分辨 8 号和其他的性格类型……229
分辨 9 号和其他的性格类型……230

附录　参考书目……231

第一章

九型人格基本知识

什么是 Enneagram?

Enneagram 本来是指一个图形，现在大多指九型人格学说，九型人格学说是一套关于人类性格的学问。该图形起源于数千年前，从 20 世纪 20 年代开始综合现代心理学及精神学发展至今，近 20 年来越来越普及。这门学问把人的性格大致分为 9 个类型，通过这个体系，我们可以了解不同性格背后的固定信念、思想、感情及行为模式，让我们更了解自己及别人，以宽容、体谅及慈悲的心，与自己及别人相处。这是一套能帮助我们自我成长及心灵修为的宝贵学问。

“Enneagram”来自两个希腊字:“ennea”的意思是“九”，“gram”的意思是“图形”。“Enneagram”的意思是指由 9 个点组成的图形。Enneagram 图形如下所示。

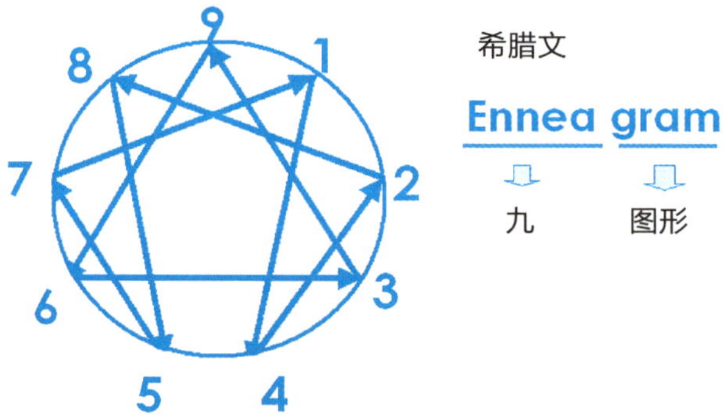

这是配上 9 种性格类型的图形。

9 种性格类型简述如下。

1 要求完美的检察官

原则性强，对错黑白分明，事事追求完美，努力不懈地提升自己，改善别人以及身边的一切。

2 成就别人的爱心大使

喜欢被人需要，事事以别人的需要为先，为别人打点一切，希望能在别人生命里成为不可或缺的人。

3 追求成功的形象先锋

注重形象，对生命很有目标，不断追求成功，创造成就，来赢取别人的欣赏、尊重和认同。

4 追随感觉的自我表达者

被强烈的情感所吸引，渴求心灵上与自己及别人有深层的联系，追求表达自我及与众不同的一面。

5 理性分析的旁观者

对知识有无尽的渴求，洞察力强，爱深入研究及分析，情感抽离，总以冷静旁观的姿态与人保持距离。

6 寻求安稳的问题专家

追求忠诚的关系及安稳的生活，富有危机感，常计划周详，及早为可能发生的问题做好准备，容易陷入焦虑不安的状态。

7 追求开心体验的火麒麟

渴求选择的权利与自由，易被新事物及开心的体验吸引，经常为自己的未来规划多姿多彩的活动，借此逃避面对人生的沉闷与痛苦。

8 有胆识的义气大佬

以对抗和控制环境来掌控自己的生命，勇敢地捍卫公平正义，保护自己和身边的人，喜欢干大事，以硬朗和坚强的外表来掩饰软弱。

9 与世无争的和谐追寻者

经常保持内心平和及安逸不变的状态，渴求和谐的人际关系，为避免冲突纷争，经常迁就别人而忘却自己。

解读 Enneagram 图形

把这个图形引进西方的葛吉夫（G. I. Gurdjieff）将图形分为三大部分解释。

圆形

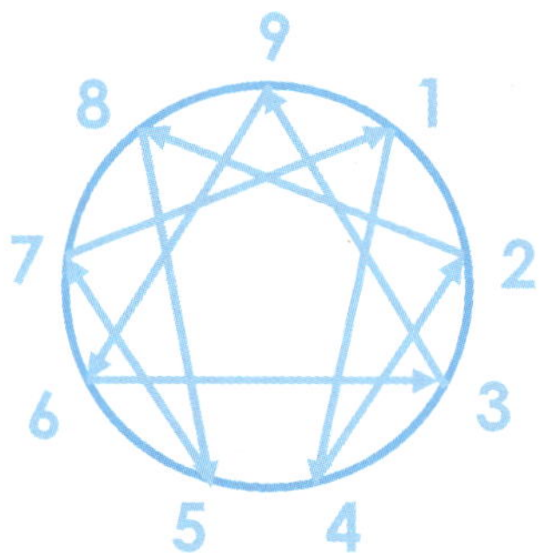

在传统智慧上，圆形用来代表完全、圆满、完整、合一、共融一体。在图形上，9 种性格类型各处在图形上的一个点，以线相连，代表它们是互相联系的。无论我们属于哪一个类型，我们多少也有一些其他性格里的元素。当我们心理状态非常健康，并在灵性上能真正超脱自己的性格时，我们是可以同时活出所有性格类型的美德的。

三角形

三角形代表“Law of Three”（三之法则）：意思是指所有存在的事物都是受 3 种不同的力量互相影响而形成的。在此图形上，意思是说我们的性格是受到 3 个智能中心，即脑中心、心中心和腹中心（详见第 014、015 页）的互动影响而形成的，而 3 号、6 号和 9 号的性格，每一个性格类型也会受这 3 个类型（3 号、6 号和 9 号）特质的互动影响。

六角星形

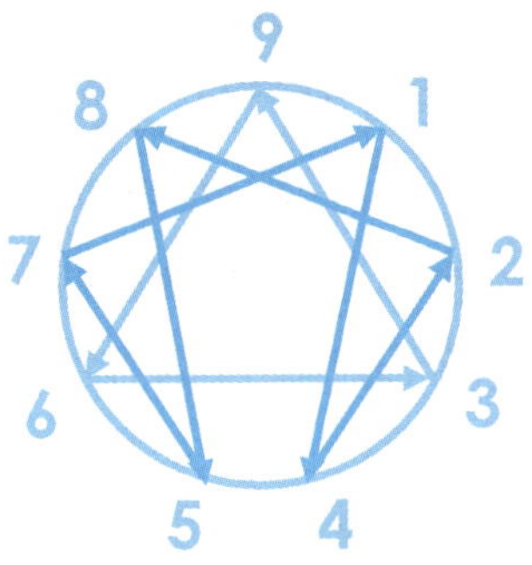

六角星形代表“Law of Seven”（七之法则）：意思是指没有事物是静止固定的。事物会在既定的法规下，随着时间不断循环，进行转化、运作及还原。在此图形上，意思是指我们在性格上的形态表现并非一成不变，而是动态的，会随着内外环境的影响而演变发展，在既有的定律下循环变化（详见第 006 页“性格在灵性上的整合与恶化的方向”）。

数字、直线及箭头方向

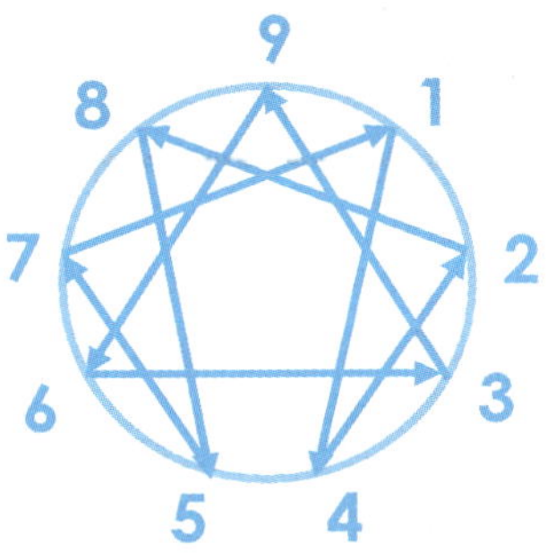

图形上的 9 个数字代表 9 种性格类型，一般称为 1 号、2 号等。每个型号各有两条直线连接另外两个型号，意思是指当我们感到有压力或处于轻松状态时，会分别运用另外两个型号的特质来调节适应环境，但仍会保留原本性格的特性。箭头的方向是指受压转化的方向，例如 1 号性格类型的人受压

时会呈现 4 号的特质。箭头的反方向则代表轻松自在时的转化方向，例如 1 号的人轻松时会显露 7 号的特质。

侧翼

我们的性格类型也受其在图形上左右两个型号的影响。例如，1 号的人也许会带有一些 2 号或 9 号类型的特质。但本身型号的特性始终处于主导地位，是最为明显的。

性格在灵性上的整合与恶化的方向

人的基本性格类型是不会变的，但其表现会随着一个人的灵性成长或败坏而产生变化。性格整合是指一个人在心灵成长的阶段中，整合另外一种性格的特质，以弥补本身性格的不足，让心理朝着更健康的方向发展，逐渐走向自我实现的层次。而性格恶化是指一个人在心灵渐趋败坏的阶段，心理状况朝着更不健康的方向发展，严重时甚或会出现精神状态分裂。此时，除了本身性格的原来特质外，也会把另一种性格型号的负面能量表现出来。

根据九型人格学说，上面提到受压或轻松时转化的方向，也是一个人分别在性格恶化或整合时的方向。总结性格恶化和性格整合的方向如下:

恶化的方向，是指 1 → 4 → 2 → 8 → 5 → 7 → 1 及 3 → 9 → 6 → 3。

整合的方向，是指 1 → 7 → 5 → 8 → 2 → 4 → 1 及 3 → 6 → 9 → 3。

上面的意思是说，例如 1 号性格的人灵性健康恶化时，常会把 4 号性格类型的负面能量表现出来。4 号性格的人灵性健康恶化时，常会把 2 号性格类型的负面能量表现出来，如此类推。

反过来，当 1 号性格的人灵性非常健康时，就能整合 7 号的特质，以弥补本身性格特质上的不足。在灵性成长的过程中，假如能依照九型人格图形整合的方向完全地走一遍，整合各种性格类型的美德，便能够逐步发挥人性真善美的光辉了。

九型人格学说的来源及发展

一般人都说，Enneagram 的来源有点神秘，且富有争议性。早期学者都说，这门学问完全是源自伊斯兰教苏菲教派等宗师，但今天我们都知道这并非事实的全部。要了解 Enneagram 的历史，就必须把图形本身和九型人格学说分开来解说。图形的发现相传是几千年前的事，但将九型人格学说真正配上图形拿来演绎人类心理学，则是最近数十年间的事。

- 公元前 500 年左右（甚至更早）：相传希腊哲学家已经使用这个图形。此外，在天主教、基督教、伊斯兰教的苏菲教派和犹太教的古代记录里，也出现过相似的图形。
- 20 世纪 20 年代：葛吉夫在阿富汗一所苏菲教派的修道院内发现了此图形，并把它引入西方。葛吉夫一直致力于研究如何通过调和西方科学和远古流传的东方哲学，来悟出一套能协助人类心灵进化成长的方法。当时，他只用九型人格的图形来描述人在心灵上可能的发展，以及人如何通过内省而深入地了解自己。
- 20 世纪 60 年代：奥斯卡 · 伊恰佐（Oscar Ichazo）才是首个将人的性格分成 9 种，并把各种性格类型分配在图形上 9 个位置的人。
- 1971 年：克劳迪奥 · 纳兰霍（Claudio Naranjo）是一名精神病学家，也是伊恰佐的弟子。他师承伊恰佐

的教学后回到美国，再用当代心理学的架构，重建九型人格的概念，把伊恰佐对人类性格的发现进一步地详细演绎，并应用在诊断人的行为上可能产生的变化，以及潜在的心理病。之后，纳兰霍开始在美国加州授课，从此九型人格这一门学问便广泛在美国及其他国家普及起来。

- 纳兰霍比较著名的弟子发展为几派。他们初期的发展如下。

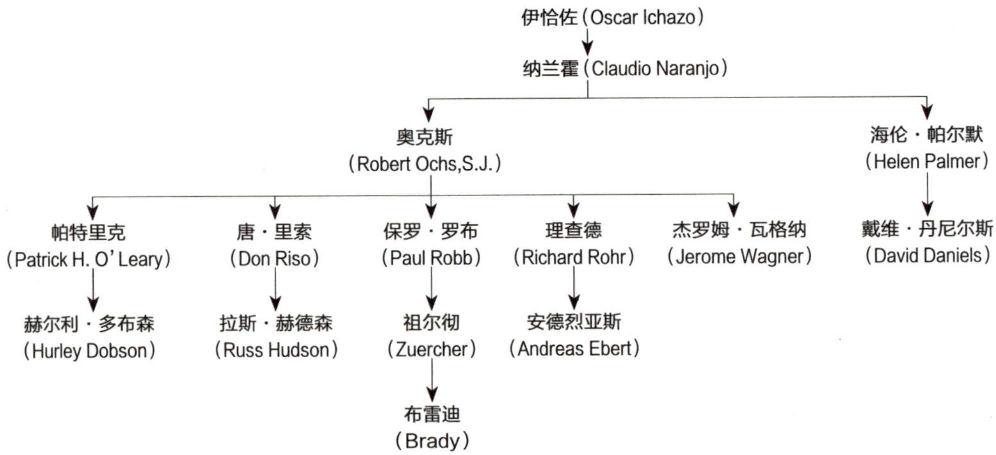

【参考杰罗姆·瓦格纳（Jerome Wagner）九型性格彩虹文凭课程内的讲义数据】

- 1994 年年底：国际九型人格协会（International Enneagram Association，IEA）成立。创始人包括海伦·帕尔默（Helen Palmer）、戴维·丹尼尔斯（David Daniels）、帕特里克（Patrick H. O' Leary）、玛利亚·比辛（Maria Beesing）、唐·里索（Don Riso）、拉斯·赫德森（Russ Hudson）、凯西·赫利（Kathy Hurley）、西欧多尔（Theodorre Donson）、安德烈亚斯（Andreas Ebert）等 9 人。自此以后，IEA 每年都会在美国不同的地方举行周年会议。会议汇集全球九型人格各方大咖，大家聚首一堂，分享交流各自的研究心得及创新应用理念。当中包括来自世界各地的九型人格专家、培训导师、心理及精神学家、灵修导师、身体及心理治疗师、商业及人生教练等。
- 现在：近年来，越来越多的人应用心理学、辅导学等各种社会科学，以更科学的方法来研究九型人格。同时，这门学问也越来越受到正统社会教育的重视，例如，美国一些大学也开办这门课程供学生选修。

九型人格的广泛应用

- 自我认识及成长，了解自己的强弱之处以及盲点等。
- 人事管理，强化团队沟通、协调，提高工作效率。
- 提升人际关系。
- 协助父母了解子女，提供有效的教导方法。
- 改善伴侣彼此关系，提供有效的沟通和相处的方法。
- 协助心理及精神治疗师诊断与治疗。

性格的形成及认识自己性格的重要性

性格究竟是怎样形成的？是天生的还是主要受后天因素所影响的？答案是两者皆是。

性格的形成

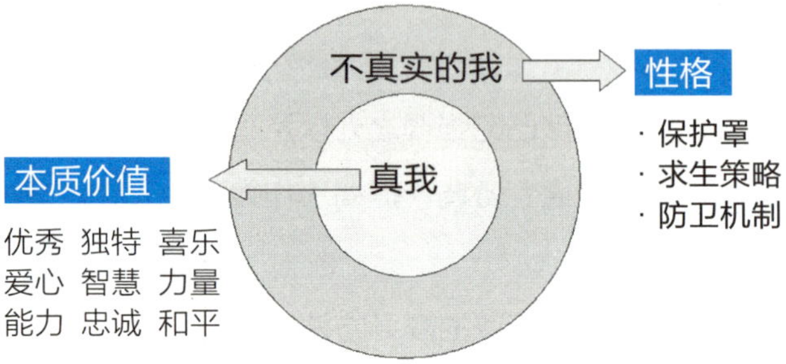

正所谓“人之初，性本善”，其实，我们每个人的出生都是带着很多纯真、美善的真我本质而来的，这是最真实及独特的真我自己。如果在我们成长期间，每次表达最真的自己时都能得到别人接纳，我们各样的真我本质便可以彻底地健康发展。可是对一个婴儿来说，外在世界的环境太复杂，有时当他随意地表达真我自己时，或多或少会受到拒绝、误解、否定或批评等。婴孩期的潜意识为了确保真我免受伤害，协助其适应生存，便会扭曲或夸大自己最强的本质来保护自己，希望借着这个改装了的自己来得到外界的接纳。这个改造了的自己，便是我们“性格”的雏形。

这个自己并非最真实和最完全的自己，但它是在我们婴孩期间最能协调自己去适应外界的一件有效工具。假如我们在性格形成雏形期间没有得到充分的矫正教导，我们的“性格”便会牢牢地巩固和定“型”，令我们在任何情况下，都会不自觉地、自动地运用它。我们逐渐地便相信这个“性格”就是最完美无暇的，也会误认为这部分的自己就是全部的自己，却不自觉地、慢慢地迷失了与其他美善的真我本质的联系。这就是性格形成的过程。

当我们只活在“性格”的框框内，从中看外在世界时，我们看的角度是狭窄、偏执和主观的。这就是所谓的“隧道式视野”，意思是指像我们在隧道里看事物一样，我们的视野会变得非常狭小，只会集中留意尽头有光的一部分，而忽略了留意有光以外的一切事物。也就是说，我们根本意识不到原来自己忽略了的东西有那么多。

中国人常说“3 岁看大，7 岁看老”，这句话倒真没错。性格通常在 3 ～ 5 岁间便会形成它的雏形。性格形成的出发点是好的，它是我们婴孩期在潜意识内规划出来的生存策略，也的确曾是协助我们适应这个复杂世界的有效工具，所以它并不是一件坏东西。不过，它无疑是自我创造出来的主观理念。当我们长大后，如果仍然过分被性格的自动化反应牵着走，我们的观念、情绪反应及行为就会变成只会跟着一套既定的程序运行，缺乏弹性及有效性。虽然这套既定程序有时还很有效，但如果它阻碍了我们与生俱来的优越本质更充分地发挥的话，那不是很可惜吗！而且通过它所看到、接触及体验到的世界，也是不全面及带有偏见的。

情况就好像一群戴着不同颜色眼镜的人，一起看同一条七色彩虹，各人看到的彩虹颜色都不一样，他们看到的也不是彩虹的真实颜色，而是通过他们戴着的有色眼镜看到的世界的颜色罢了。所以，如果我们不留意自己戴上的眼镜是什么颜色，在需要时把它摘下来，就根本无法知道彩虹真实美丽的面貌是什么样子。我们也只会一辈子抱怨别人不了解自己，指责别人的观点是错误的，甚或一生怀疑自己的能力等。

为何选择以九型人格学问来认识自己及提升自我？

对于想要真正提升自我的人来说，九型人格绝对是一个很好的选择。

原因如下。

- 有助我们提升自我察觉能力，洞悉自己性格在思想和行为上的自动化反应，在自动化反应产生前，能重新停、望、再选择，不再偏执及受困在自动化的框框内。
- 让我们更了解自己的强项，从而更能充分地发挥自己的潜能。
- 能让我们明白每类性格背后的不同生命观点、行为动机及内心深层恐惧等，让我们有机会站在别人的立场去了解他人的难处，对人多产生一份体谅与接纳，建立更好的关系。
- 除可了解每类人的性格特点外，也提供了每种性格迈向成长的方向，令改变不再只是行为，而是从自己内里改变过来，达到真正提升自我，并在灵性上有所修为，是让人毕生受用的好工具。

学习九型人格须注意的事项

寻找自己的类型时要注意……

- 以开放的态度，接受自己是任何类型的可能性。放下偏见，不要很快得出结果，作出结论，更不要因为一两点特质，便肯定或否定自己的类型。
- 勇敢地、坦诚地面对自己的优缺点。有些人总是不肯承认自己不好的地方，爱用借口解释，也有些人没察觉到自己的强项或过分妄自菲薄。

- “努力想成为那样的人”和“我根本上是这样的人”是不同的。记住你是在寻找你的性格，而不是寻找你渴望或很想努力成为的性格。
- 分辨动机而不是行为。就像很多人有守时的行为习惯，但背后的动机很不一样。例如：有些人守时是为了遵守个人原则，有些人是为了避免招人责骂，也有人守时只是为了给别人留下专业的印象而已。

- 父母的影响。父母的性格会影响其子女表层的一些行为。须细心留意自己深层的想法，来认识真正的自己。
- 留意自己是否长期处于压力状态或在灵性上已有一定的成长。我们可能会因受压与轻松状态下转化的型号影响而带有其行为模式（但动机始终会偏向基本类型）。那么，应以在正常状态下的自己作参考。
- 留意侧翼对基本类型号的影响。
- 不要被性格型号配上的名称所影响。名称只是一个很粗略的形容。各类型原本是没有名称的，只以数字编排。后来，人们为了让学习的人更容易联想起每个性格的特色，才开始冠上不同的名称（不同作者，也有不同的名称）。试想人的性格那么丰富复杂，怎么能以一两个形容词来完全涵盖呢！
- 种族文化及宗教的影响也不容忽视。例如：一般中国人传统上仍然有很多应该/不应该的批判，有点儿 1 号的色彩。美国文化较注重成功形象，会因此带有点儿 3 号的影子……所以，最重要还是先了解自己行为背后的动机，而非单看表面的行为。

了解自己后，一般人都会急不可耐地去了解别人，以及判断别人的型号。须知道，识别一个人的型号，需要当事人愿意揭露真相及判断的人有专业知识。无论你的分析有多仔细，单靠观察他人的行为或反应是不够的，因为你无法真正知道别人内在的动机和感受。

了解了自己或别人类型后要注意……

- 不应判断性格类型的好坏，因为性格类型绝无好坏之分，没有一个性格类型比另一个性格类型优越或逊色。当你觉得有些人的性格确有好坏之分时，这只是反映出那些人的心理健康程度而已，而不是他们性格类型的好或不好。任何性格类型的人，当处于健康状态时，都能把自己的特质很好地发挥出来，显得魅力四射。相反，当处于不健康状态时，会让人敬而远之。

- **不要以自己性格类型的弱点作为借口或挡箭牌，不思改善。**虽然我们的性格类型不会改变，但它的健康程度是大有提升空间的！

- **不要以别人的型号把他们定型，并主观认定其反应及能力。**这样做，只会低估事情发生的可能性，否定别人可进步的空间。
- **不要利用九型人格的知识去支配及操控别人。**利用别人的性格弱点为自己争取利益，这种行为相当卑劣，也违反了道德操守。

谨记学习的目的是……

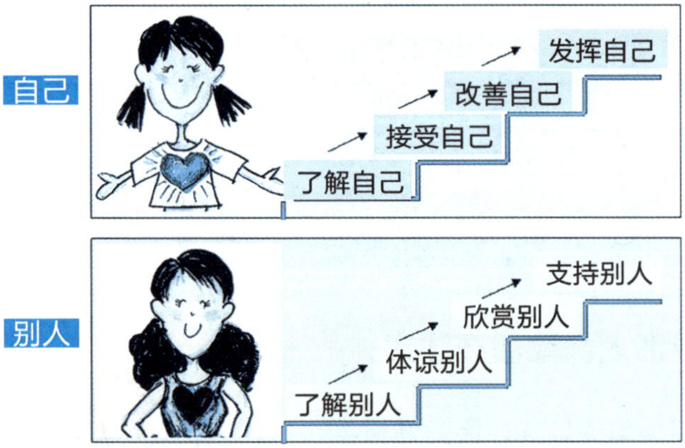

3 个智能中心与九型人格的关系

了解智能中心，有助我们发掘及了解不同的性格类型。我们人类主要是通过智能中心来接收及回应外在世界的信息。它们分别是：

- 脑中心（Head Centre）
- 心中心（Heart Centre）
- 腹中心（Body Centre）

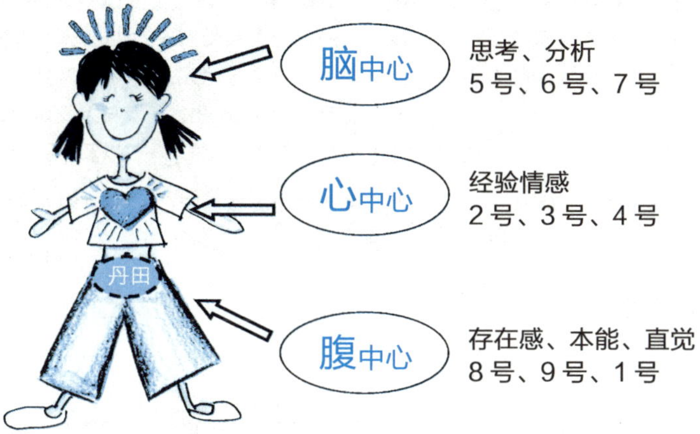

这3个智能中心同时存在，它们互相影响，帮助我们接收、演绎及回应外在世界的信息。但不同性格类型的人，其智能中心会有强有弱。通常我们会侧重将某一个智能中心作为主要接收及响应信息的渠道。9种性格类型可以分为3组，每组性格类型均与其中一个智能中心关系较密切，我们的强项和弱项也是与该智能中心相关的。意思是说，倘若我们能有效地发挥那个智能中心的特性，它便会成为我们的强项，否则它就会成为我们的弱点。

各智能中心比较如下。

	脑中心 （5号、6号、7号）	心中心 （2号、3号、4号）	腹中心 （8号、9号、1号）
接收及回应信息的方法	以思考和想象来分析、综合事件之间或人与人之间的关系	以无言的感觉去感受别人的需要、心情及与他人之间的关系。一切由心出发，而不是对人或事的想法	以身体的本能感官（触觉、味觉及直觉）来体验自己与人及环境之间的关系，以及自己的基本需要
关注事情的时间式	将来、未发生的事	过去发生的事，建立起的感情	现在眼前的东西
比较容易出现问题的领域（过多或过少）	在做事的行动力上	在人与人的情感上	在与外界的互动关系上
深层情绪困扰	恐惧	羞愧，感到自己没有价值	愤怒
寻求	安全、意料之内	认同、被爱、受关注	自主、控制
处理深层情绪的方法	逃避	建立被认同或被爱的自我形象	捍卫、巩固一个属于自我的边界
增强该智能中心的方法	以视像幻想的方式锻炼思维及联结事情的能力，如有引导式的冥想练习等	各种听觉的练习，如收听触动心灵的柔和音乐、做单音重复吟诵唱咏(chanting)等	各种呼吸练习、身体姿势平衡的活动，如太极、瑜珈等

把九型人格的类型作不同的分类

除了以智能中心把性格类型分类外，还可以以下列标准分类。

以个人能量高低的程度及面对外界时的社交作风分类

（参考嘉伦公司专家团队讲师康妮的人际关系分类）

	思想（脑中心）	感性（心中心）	直觉（腹中心）
主动/能量高/对向别人	7	3	8
互动/能量中/投向别人	6	2	1
被动/能量低/远离别人	5	4	9

对向别人：有点儿对抗别人的倾向，凡事主动，对于自己的需要会努力争取和直接要求，有点儿自我膨胀。3 号、7 号、8 号都是对向别人的类型。

投向别人：经常有一股内在的推动力要去为他人服务，下意识地自觉比他人优胜。常努力做好自己以及达到自己或别人对自己的期望。1 号、2 号、6 号都是投向别人的类型。

远离别人：把能量投向内在的自我空间，去满足个人需要。远离人群的方式可以是通过身体上离开现场或精神上抽离自己（人在、心不在）。4 号、5 号、9 号都是远离别人的类型。

以面对困难时的反应来分类

[参考唐·里索（Don Riso）及拉斯·赫德森（Russ Hudson）的分类方法]

	思想（脑中心）	感性（心中心）	直觉（腹中心）
正面乐观	7	2	9
抛开感觉理性行动	5	3	1
情绪反应大倚靠 VS 独立	6	4	8

正面乐观：喜欢激发、帮助别人，让别人感觉一切美好、没问题。常会抗拒面对自己的负面情绪。2 号、7 号、9 号都是正面乐观的类型。

抛开感觉、理性行动：客观理性，能抛开私人感情，以自己有能力的一面去面对、处理困难。1 号、3 号、5 号都是抛开感觉、理性行动的类型。

情绪反应大、周旋于依靠别人与自我独立之间：处理问题及冲突时显得很情绪化，要别人先了解、认同他的感受，并把情绪妥当处理后才可解决问题。对信任产生怀疑，也经常徘徊在依靠与独立之间的矛盾中。4 号、6 号、8 号都属于这个类型。

如何找出自己的性格类型

步骤一：仔细阅读以下 9 段“自我陈述”。

A 我性格乐观开朗，凡事都喜欢看好的一面。我酷爱自由，讨厌限制，喜欢有很多选择。我经常寻求不同的开心体验，我很馋嘴，兴趣广泛。做事缺乏耐性，不够专注，重视享受过程多于注重结果，有时也会半途而废。我头脑灵活，富有创意，擅长综合新的理念。善于主动沟通，喜欢搞笑，制造欢乐气氛娱人娱己，说话没大没小。我害怕吃苦，抗拒沉闷、重复、没新意的生活。遇到不如意或困难时，会寻找其他快乐的体验或以合理化的理由去逃避。

B 我性情温厚随和，耐性、脾气都很好。我渴求和谐的人际关系，凡事都以和为贵。为避免大家冲突纷争，我经常迁就别人而忘却自己。我最不懂得拒绝别人。我善于聆听，也能明白各人不同的观点，所以朋友很喜欢找我倾诉。我也很容易受人影响，会因长时间与某些人在一起而变得跟对方相似。但对于某些事情，我会很固执。我做事比较慢条斯理，不善于抓紧时间。我需要比别人有更多的休息时间。我没有太大的欲望，能与人融洽相处就感到非常满足。

C 我喜欢观察、思考、分析及作深入的学术研究，洞察力很强。我是充满好奇和渴求的，对我来说，追求知识是一种很自然的推动。我不善于社交，享受独处远多于与别人在一起。在团体活动中，我习惯以一个旁观者的角色去参与，以确保与人保持距离。我很害怕面对强烈的情感。我的生活非常简单。我不重视物质上的享受，只想在思想领域得到满足。

D 我为人正直，很有原则。对我来说，“做正确的事”是十分重要的。我处事要求很高，十分注重细节，追求完美。我抱着“好还可以更好”的态度来鞭策自己和别人进步。我对别人得过且过的态度感到气愤，但我会抑制自己，尽量不发脾气。我自制力很强，会严守规则。在工作上认真、勤奋、负责。在争论自己认为是正确的事时，会很坚持。我过分率直，有时会忽略别人的感受。

E 我是一个非常感性及情绪化的人。我很容易被浓烈的情感吸引，也很容易受到周边环境的影响。我渴求在心灵上与自己和别人有深层的联系，但有很多人不能真正地理解我。我喜欢各种富有美感和象征意义的艺术表达。我追求表达真正的自我，尤其是与众不同的那种。我喜欢别人欣赏我的独特气质，我不甘于平凡。我不抗拒细心品味人生悲苦的一面，有时甚至沉迷在忧郁的世界里。我常羡慕别人，对不能拥有或遥不可及的事物心生向往。

F 我是一个目标感很强的人。我做事一向重视追求成功的结果多于注重其过程。我热爱工作，办事能力很强，工作效率也很高。我讨厌别人拖慢我的工作进度。我喜欢很好地完成工作后，能够得到别人的认同和赞赏。那些不能成为众人焦点的事，我不会太用心做。我有很好的社交技巧，能以不同的形象跟不同类型的人相处。除此之外，我对市场也拥有十分敏锐的洞察力。为了达到既定目标，我可以放弃自己的原则来适应多变的环境。我很注重自己的外表和形象，喜欢给人眼前一亮的感觉,也很享受人们特别的注意和欣赏。我不太关注自己的情感，怕它会影响工作，甚至妨碍自己完成目标。

G 我为人小心谨慎，做事深思熟虑，常常咨询各方意见之后才作出决定或行动。我的优点是富有危机感，能敏锐地察觉潜在的危险，防患于未然。我喜欢从群体中找到依靠和支持。我对家庭、朋友及工作都很忠诚和尽责。我对可能发生的负面结果想象力很丰富。我常怀疑别人的动机以及自己的判断，所以经常不易安心作出决定。我对权威人士又爱又恨，我需要他们的指引，但又怕被他们左右。面对可能发生的危险时，我有时会逃避，有时会冲动地跟它对抗。

H 我性格独立刚强且富有正义感，好打抱不平，也勇于保护别人。我性格豪爽，不拘小节，一向很重情义。我看事情较宏观和全面，有清晰的人生方向和坚定的信念。我是大事清楚，小事糊涂的人。我不太懂得控制自己火爆的脾气，大多时候态度是硬绷绷的，很少是温柔的。我喜欢直接爽快，最讨厌懦弱和兜圈子的人。我喜欢拼搏，具有冒险精神，相信只要肯努力做，没有什么是做不成的。

I 我是一个亲切、乐观的人，善于关心和照顾别人。我天生就很懂得洞察别人的需要，喜欢为他们提供适当的帮忙和支持。能成为别人不可或缺的人，我感到非常荣幸。对我来说，人际关系非常重要。我经常花很多精力和时间去张罗别人的事，而忽略自己或家庭的事。虽然我很少对别人提出要求，但如果别人不懂得欣赏我对他们的付出，或把我的付出当作理所当然的话，我心里会很不是滋味，我会给他们脸色看或对他们闹情绪。

步骤二：剔除那些非常肯定不会是自己的“自我陈述”，然后把剩下的最像自己的依次序排列下来。

最像自己的陈述（第一位）：________

（第二位）：________

（第三位）：________

（第四位）：________

步骤三：根据下面表格找出英文字母所代表的性格类型。

自我陈述	A	B	C	D	E	F	G	H	I
性格类型	7号	9号	5号	1号	4号	3号	6号	8号	2号

因此，你最有可能的类型依次为：

最像自己的类型（第一位）：________号

（第二位）：________号

（第三位）：________号

（第四位）：________号

步骤四：留意前三至四个很像自己的型号在九型人格图形上的关系，例如是否是第005、006页所述的受压/轻松下的状态或第006页所述的侧翼。

步骤五：参考第014至016页，判断自己主要所属的智能中心，以便把范围缩窄。

步骤六：仔细阅读那些最有可能是你型号的章节，深入了解并引证结果。

步骤七：某几个类型的一些行为可能颇为相似，但是其动机绝对不同，所以要给自己一些时间，细心体会自己行为背后的想法和感受。另外，可以仔细阅读第七章，以了解相似的性格类型中有所不同的地方。

此外，可以利用坊间各种不同的九型人格问卷测验找出最有可能的类型，以此方式缩小范围（有关普遍使用的问卷，可参考“附录A”“附录B”里提及的书籍和网址）。但要留意，就算是最畅销、最普及的九型人格问卷，以最高分数来决定类型的准确度，也不高于60%，所以建议只作为最初步的参考。

第二章

各种性格类型剖析

1号性格　要求完美的检察官

这种性格类型的人，正直，做事对错分明，原则性强，负责任，凡事要求进步，追求完美。

专注焦点

- 这是对还是错呢？
- 哪里有不正确呢？
- 哪里还可以改善而变得更好呢？

行为背后的动机

1 号自己讲自己

- 对我来说，"做正确的事"十分重要。我对错误非常敏感，活像有一位检察官长驻在我体内，每一刻都在提醒我哪里做错或做得不够完美。因此，就算是很小的瑕疵，我也会很介意或感到内疚。其实经常不由自主地自我批判，也让自己产生很大的压力。
- 我做人做事很有自己的一套标准和原则，非黑即白，主观性强。为了坚持自己的想法，有时会显得很固执。尤其是当我认为自己争论的事情是正确的时候，在那一刻，我会过于率直，说话不作修饰，有时或会忽略了别人的感受，因而会不自觉地得罪人。

- 我一向重视高尚品德，是一个正直诚实的人。我道德观念很强，个人生活上很检点，清楚知道什么应该或不应该做，不会乱来，更不会做一些缺德的事，小如随地乱扔垃圾等。我对人诚实，做事光明磊落，不会说一套做一套。
- 我做事绝对公私分明，"帮理不帮亲"。就算家人或伴侣犯错，我也不会徇私情。

但这不代表我不爱护他们，而是我觉得“情”和“事”理应分开处理，按照标准，做“正确的事”。

- **我做事严谨认真，十分可靠，非常负责任，很有恒心和毅力。**但凡有事情交给我去办，你可以很放心，因为无论有多困难，只要我承诺了，就一定会尽心地把它完成，并会做得很出色。
- **我抱着“做得好还要再做得更好些”的态度处事，凡事都追求进步，喜欢发掘可以再提升的空间。**我做事要求很高，很严格，也十分注重细节。每做一件事，我总会细心审核所有的细节，看看是否还有什么地方可以做得更好。虽然我很清楚这样会让自己花上很多时间，但若没有把可以改善的地方做得更好，我会感到不安。

- **我不会轻易称赞别人，也不太懂得接受别人的嘉许。**我觉得“做得好”是应该的，也是很基本的事，根本不应期望被人赞赏。所以，除非别人做得真的非常好，否则我很少会嘉许别人，因为这样做好像有点不老实。可是，当我看到别人做得确实很出色时，我又会暗地里跟自己比较，为自己没能做得足够好而感到酸溜溜的，渴望快点回去检讨如何改善自己，令自己更完美，所以那一刻也没有心情去称赞别人。另外，很多时候，当我被赞赏时，也会感到浑身不自在，因为总是觉得你嘉许的多于我值得被赞赏的。

- **有时我对身边的人及环境也很苛刻，富有批判性，但我的出发点是善意的。**如对我自己一样，我经常会按捺不住地以我认为正确的观点来纠正别人，期望别人有所改进。别人做错事还若无其事，我会很气愤。可是别人往往不理解我这个出发点，反而投诉我要求过高，给他们施加太大的压力。我因这样的误解感到沮丧和气愤。

- 其实我很有理想和使命感。我心里一直很想做点事，尽力让这个世界变得更好，就算暂时做不到，最起码我会要求自己和身边的人如亲友、下属、同事等能精益求精，做得更好，对社会有所贡献。

- 我经常因不放心将工作交给别人而把工作揽到自己身上来，致使负担增加，疲倦不堪。为确保工作质量符合自己的要求，有时我会连别人的事情也拿来做，让自己负担的事情越来越多，增加了不少压力。
- 我经常不断地充实自己，参与一些有效提升自己能力和修养的活动。正所谓“学海无涯”，我学习的原因是想让自己更进一步，做一个更有素质、更有价值的人，不一定和名利扯上关系。
- 我很有纪律性，自制力相当高，会按照规矩做事。我绝不会因贪图享乐或为得到成功而不守规矩、走捷径、偷懒或破坏公平原则。
- 我虽然外冷内热，为人比较拘谨，但其实我是很友善和关心别人的。我只是过分控制自己的情感，不轻易流露真情罢了！我属于较慢热的一种人，与人相处，我需要时间适应和热身。有时我倾向压抑自己的情感，避免流露出真实的感情，这是因为我怕自己一旦心软或松弛下来，便会失去自控力，容易动摇一直谨守的原则，失去专注力，因此犯错或做得不够好。
- 我会很自律性地压抑自己不完美的情绪和行为，例如克制自己不要随便发怒或对人发脾气。所以，当我越愤怒，就越强迫自己要平静；越想斥责或与对方抗衡，就越去抑制自己，并和颜悦色地与

对方交谈，以免露出马脚。但久而久之，因积累了太多的愤怒，有时我会因一些小事引发山洪决堤般爆发的怒火，一发不可收拾。所以在我愤怒时，我很难与人沟通，会保持沉默。很多时候我会跟自己说“算了吧”，然后把怒气吞下去，虽然我会很努力地把自己掩饰起来，但我紧绷着脸的表情出卖了我，也让周遭的气氛严肃起来。所以很多时候，当我真的忍不住责备对方时，其实之前我已经包容了他们很多，只是他们不理解罢了！

- **我注重做应该做的事，如努力工作和对家庭负责，多过做喜欢做的事去满足自己梦想的生活。**我很多时候都压抑自己的欲望。认真地回想，在我的生命中，我似乎没有为自己创造太多的享乐机会，建立自己的兴趣。太轻松和充满享乐的生活，会令我产生一种罪恶感，觉得这样的生活态度是不认真、不长进，是错的。我总觉得人必须吃过苦才有资格去享乐。

- **我记性很好，尤其是一些和对错有关的事。**为避免犯同样的错误，我通常都会小心翼翼地把重要的事记下来，帮助自己将来作出正确的决定，确保不会重复犯错。

最有魅力的时候

诚实，认真，仔细，勤奋，办事质量高，够耐心，负责任，有道德观念，正人君子，可依靠信赖，自制力强，富有纪律性，喜欢改革，倡议公正。

最令人敬而远之的时候

挑剔，吹毛求疵，过分严谨，固执，要求太高，太控制情感，薄情，太强的批判性，好争论批评，缺乏弹性，说话太直率，容易冲撞别人，自以为是。

说话上的沟通风格

- 明确、直接、简短，但着重细节。
- 立场清晰，说话自信爽快，声调响亮。
- 速度有点急促，对别人含糊的对答欠缺耐性。
- 谈话中常爱说“应该”“不应该”“很肯定”“对”“错”。
- 急于表达立场，如赞同与否或发表对与错的观点等。
- 偶尔也爱说教般地教训别人。若你不同意，他会不厌其烦地再说几遍，很有决心要你明白错误并改正过来。
- 对于事情，他会批评得很直接，不留余地。至于对人的批评，如果对象是熟悉的朋友，他会一针见血，直击要害。不熟识的朋友，就会比较客气。

身体语言上的沟通风格

- 眼神专注、肯定。
- 坐立姿势正直，在别人面前甚少东倒西歪，举止十分循规蹈矩。
- 表达不满时，通常先“黑脸”，默不作声，只用凌厉的眼神作回应或表达。但倘若真的控制不了心中的怒火时，便会很直接、不加修饰地道出不满和看不过眼的地方。
- 外出时衣着永远整洁恰当，懂得配合环境。

处于受压、紧张及有压迫感的情况下

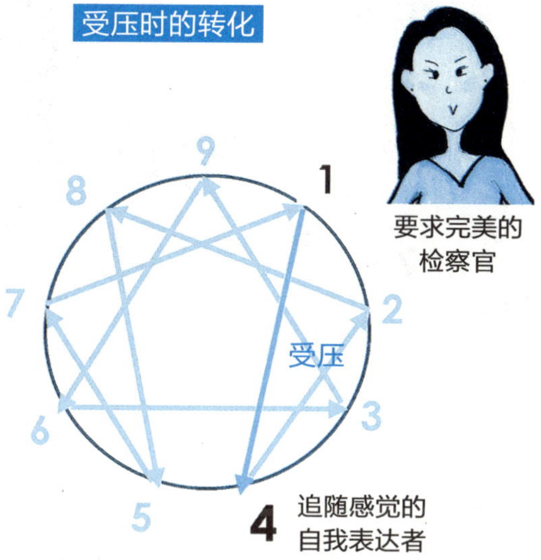

- 更突显 1 号本身的负面特质。

— 为求完美，把自己逼得太过分，以致有点筋疲力尽。

— 显得更加严谨、挑剔。

— 处处步步为营，更怕出错。

— 更容易发怒、沮丧、情绪低落。

- 转化呈现 4 号的正负面特质。

— 会显得十分情绪化，会被过度夸大的情绪淹没，从而变得毫无动力。

— 觉得总被误解，为自己的克己努力不受欣赏、不被公平对待而感到怨愤和沮丧。

— 甚至变得很偏激，把自己批判得一文不值，感觉自己十分可怜。

— 但反过来，此时 1 号才真正有机会稍微放松过往他一直紧抓的“应该和不应该”的原则，重新接触内心真正的感受，寻找自己真正所需要的而不是应该做的事。

处于轻松自在、安全及可信赖的环境下

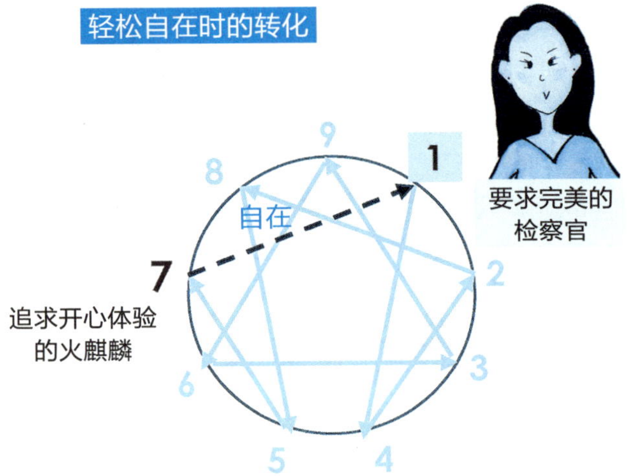

- 更突显 1 号本身的正面特质。

– 变得能包容错误，接受和原谅自己也有犯错、有狂妄越轨思想的时刻。

– 对未达到要求的工作，重新客观分析是否源于当初自己的期望过高。

– 拥抱和释放自己负面的情绪，尤其是愤怒、怨恨等。

- 转化呈现 7 号的正负面特质。

– 会放松一点对人对事的要求，接纳多角度的处事方法及新观念。

– 对自己和别人多一点宽容、体谅。

– 容许自己爱玩、真我的一面表现出来，减少像检察官一样的批判，处事变得随和，愿意顺应万物自然的发展。

– 乐观正面，欣赏做得对和已拥有的东西，而不是集中单看不足的方面。

– 也有机会把自己麻醉于享乐中而逃避问题和痛苦，但内心会因此自我责备、不好受。

最希望能活出一个怎样的人生

1 号最希望尽自己最大的努力，把自己发挥得最好，做一个有价值、对社会有贡献的人。

人生观

1 号认为，当一个人在行为上犯错或思想观念上有不良念头时，都应该受到严厉的批评和惩罚。所以，他一直都要求自己严谨认真地生活，确保在任何事上不会出错。

不自觉的深层恐惧和恶性循环

其实，1 号之所以不断地努力鞭策、提升自己，要求自己表现得更完美，是因为以下的深层恐惧和恶性循环。

- 深层恐惧……

他害怕一旦犯错、做事未尽完美时，自己便会沦为一个无用、毫无价值、腐败无能的人。

- 恶性循环……

他觉得本身的自己并没有价值，认为必须要通过做一些正确的事和成为一个真正完美无瑕的人，才会值得被人欣赏、尊重和爱。所以，除了不断尽力提升自己外，做起事来也会把焦点放在寻找哪里还有不完美和错误的地方上，然后加以改善，让自己的“好”可以更上一层楼。所以，当他觉得已经做到最好，却发现自己还做错或不够完美时，便会勃然大怒，怨恨自己又一次做得不够好。可是对他来说，生气是不完美的行为，所以他又会尽量控制和压抑自己，让自己继续维持完美的行为。不幸的是，在现实世界里，根本就没有百分之百的完美无瑕，在标准上也没有绝对的对与错，所以无论 1 号怎样改善自己，始终能找到一些可以继续改善的地方。于是，他会一次又一次地愤怒，斥责、批评自己，接着又压抑自己不完美的情绪或感受。这样，就形成了 1 号的恶性循环。

不自觉的恶性循环

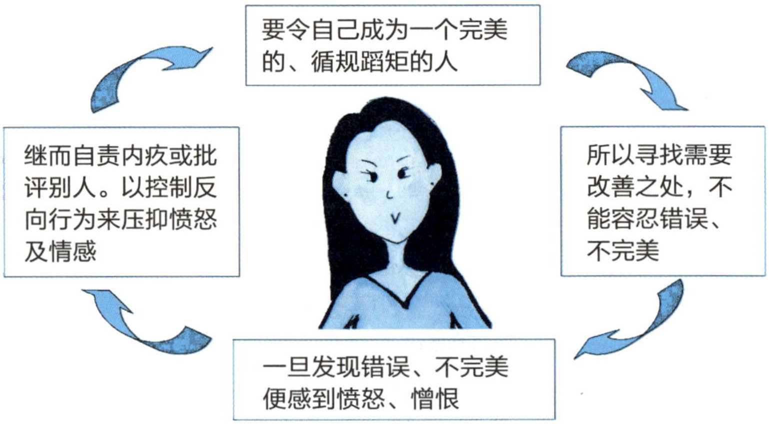

● 反思的时候……

1 号的朋友，你是否细想过你已经有多久没有好好地爱惜自己，嘉许自己尽心的努力，原谅自己偶有的失准了？ 放过自己吧！

2 号性格　成就别人的爱心大使

这种性格类型的人善解人意，慷慨关怀，乐观积极，愿意付出，热心支持别人。

专注焦点

- 其他人喜欢我吗？
- 我是否被人需要呢？
- 这里有谁需要我来帮忙呀？

行为背后的动机

2 号自己讲自己

- 我人缘一向很好，很多人称赞我亲切乐观，慷慨又热心关怀别人。不论男女老幼都很喜欢、信任我。有时，他们会把内心的一些秘密与我分享。获得他们如此的重视和信任，我很高兴，也感受到自己的价值和重要性。
- 我善解人意的性格，使我容易获得别人的欢心。我很善于替人分忧，从小便懂得帮助父母照顾兄弟姐妹，打理大小杂务。父母很少需要为我的事操心，所以我经常被称赞为一个懂事乖巧的好孩子。有时候，我还会亲手做一些有心思的小礼物，或写一些暖心的字句来鼓励、道谢别人，逗人欢喜。

- 我渴望和别人建立深厚的感情，希望别人会喜欢自己。我很享受被人需要和依赖的感觉，这是我生命的原动力。被别人需要，让我感到自己重要、有价值，感觉超然。我希望能成为别人不可或缺的知己，为他们分担痛苦，解决困难。
- 我很会体察和了解别人的需要。这感觉好像是天生的，与我有多熟悉这个人并不相关。有时对方还未开口，我也好像听到了他的心声一样，很清楚他想要什么，预先为他准备，别人往往会因此感动不已。

- 我经常会把别人的事放在第一位，忘我地去帮助别人，因此被人形容为爱心“爆棚”。不论我有多忙、多疲倦，只要别人需要我，我会尽量放下一切立即帮忙。就算有空闲的时间，我也会不期然地细想有谁需要自己帮忙。朋友的困难越大，我就越有动力去帮助他。我甚至去学一些可以用来帮助或让别人受惠的技能，如修理电器、急救等。
- 我对自己的事倒没有那么积极，经常忽略自己。有时自己的事，可能已累积了一大堆还没处理。除了忽略自己之外，有时为了帮助别人，我也会忽略家人，所以他们经常抱怨我对外人要比对他们还好！但只要他们表示需要我，我也绝对不会忽略他们。总之，哪里需要我多些，我便投向哪里！

- 我有时会为自己在帮助别人的事情上表现出色，暗地里沾沾自喜。老实说，我不是夸口，我不但善于为别人分忧解难，我也有能力扶助别人成就大事。
- 我帮人从不希求有什么利益回报，我只是希望别人更加珍惜我，能够感受到我的重要性。只要他们表示由衷的感谢或回报一个感激的眼神，我便觉得所有的辛苦

付出都是值得的。例如，感激地对我说:“全靠你的帮忙，我才有今天的日子！”“没有你，我当时也不知如何是好了！”“只有你才最清楚我的心意！”“你对我实在太重要了！”等。

- 我不喜欢成为众人的焦点、做当权者或出风头，我只爱在当权者背后协助他成就其事。我不是欠缺自信，反而我一向对自己的能力很有信心。我只是不在乎成就、目标、金钱等东西。我关注的是与别人的关系，成就别人而得到别人的感激，反而令我更加满足。
- 我很懂得调节自己来迎合别人，并称赞别人。和别人在一起，我很自然地便会配合对方的风格，并发掘对方的优点来称赞他。我并非虚伪，只是想让别人感觉被欣赏及受重视，大家的关系可以更进一步而已！
- 我善于洞察别人的优点和才华，协助别人发展他的事业。除了直接称赞他们、鼓励他们之外，我也会在适当的场合为他们宣传，让更多的人知道。我乐于成就别人，至于我个人的才华，我却没有任何推动力去发掘或栽培，我的才华通常是通过在帮助别人时才发掘到的。但知道了，我也不会宣扬，从别人口中说出来才有意思嘛！
- 我有很强的同理心，也善于安慰和支持别人。别人向我诉苦，无论如何冗长，我都会很有耐性地细心聆听，给予安慰，甚至在行动上积极帮忙。有时就算超出我的能力范围，我也会不惜两肋插刀，尽力而为。
- 当身边的朋友不再需要我的照顾或帮忙，并开始变得独立时，我跟他们的交往自然会减少。不知为何，他们会变得没有从前那般吸引我，我也自然而然地被其他更需要我的人吸引过去。

- 我有时也会很情绪化，脾气暴躁。特别是当别人把我的帮忙当作理所当然，觉得我太爱管闲事，太干涉、操控他们的生活时。我对此会很气愤，我就算是干涉他们，难道不也是为了他们好吗？为表示我的不满，我会给他们脸色看，冷淡对待，甚至冷嘲热讽，在其他人面前埋怨他们忘恩负义。到我忍无可忍时，我甚至会表现得很歇斯底里，不停地哭诉和埋怨他们。

- 我对自己的需要有时也会很模糊不清，往往要到夜阑人静、独处的时候，才能接触到自己内心的感受，那感觉是空洞和寂寞的。所以，我平常很少去体味自己深层的感受或需要，我很抗拒去了解这些，怕会发现自己不足的地方，怕去承认自己在帮人的背后，其实也有想让别人认同和感激的附带条件。

- 就算我知道自己的需要，我也很少要求别人帮忙。因为这会令我失去安全感，变得没有力量，有点儿羞愧的感觉。而且我怕别人会因我变得有需要而离弃我，所以当我有问题时，很少会让别人知道。我越不开心，反而越会去帮助别人。
- 这样长期压抑自己的需要，我的心情是很矛盾的。一方面很希望我喜欢的人能前来关心我；但另一方面，又没有勇气放下自己傲慢的一面，面对自己“想被别人关心”的需要。
- 我有时会因长期过于迎合别人，失去了自己的个性，好像有点迷失了自己。有时我自己也未必察觉，可是一旦发现时，我会感到失落，觉得自己好像什么也不是，人生好像没有目的。

最有魅力的时候

善解人意，亲切友善，热心助人，慷慨无私，乐于付出，善于鼓励和支持别人，积极乐观，主动，细心体贴，同理心强，适应力强。

最令人敬而远之的时候

爱管闲事，过分热心，占有欲强，操控别人，太黏身，情绪化，逃避自己的问题，过分迁就别人而毫无主见，虚伪做作，表达方式迂回，骄傲，态度傲慢。

说话上的沟通风格

- 说话速度适中，声调很舒服，很能安抚别人的情绪。
- 会很适当地说一些嘉许别人的话，令对方觉得被尊重和赏识。
- 说话风格会因配合别人而有所不同，但内容仍会集中在对方的事上，晓得以对方的立场和需要说话，让人感到被支持和谅解，因此容易放下自我保护的围墙，对他产生好感。
- 很少分享自己的问题。就算被问及，也只会轻轻带过，然后又把话题转移到对方身上。

身体语言上的沟通风格

- 脸上经常挂着亲切的笑容，态度友善且主动开放。
- 说话时，诚恳地望着对方，令人感觉备受关注。
- 身体会靠近别人。若是安慰对方，会有更多身体上的接触，例如拍拍别人的手背、肩膀等，令人感觉温暖和被支持。
- 很着紧地留意别人的需要，适当时进行照顾。有时还会在对方未开口前为他打点。
- 很容易喜怒形于色而不自知，不高兴时习惯暗示多于明示。

处于受压、紧张及有压迫感的情况下

受压时的转化

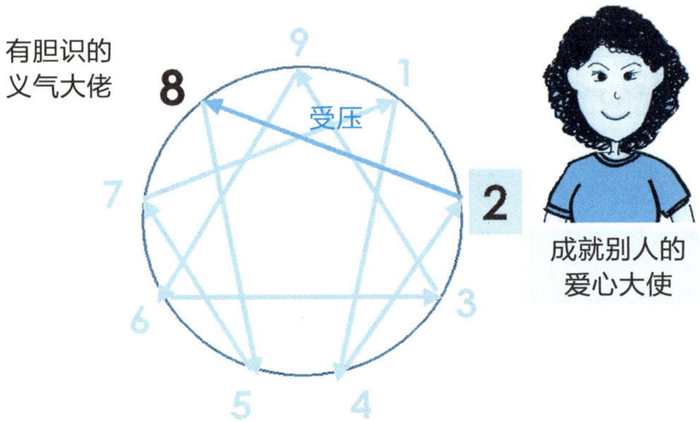

- 更突显 2 号本身的负面特质。
  - 更热心地去满足别人的需要，赢取别人的欢心（尤其是先前不认同他的人）。
  - 显得更爱多管闲事及滋扰别人。
  - 觉得自己是受害者，埋怨别人不领情及忘恩负义，让别人感到内疚因而转向迁就和感激他。
- 转化呈现 8 号的正负面特质。
  - 一改往常随和的形象，突然变得专横及态度强硬，有力地为自己或别人争取所需的东西，拒绝再做受害者。
  - 高举“无非为他人好”的旗号，自以为是地控制、干涉那些依赖他的人。

- 否定自己的需要及软弱的部分。
- 在小事上胡乱地向别人发泄情绪。
- 封闭自己，不与人联系。
- 不信任别人。
- 对轻视自己的人变得态度严厉，甚至想进行报复。
- 理直气壮地说出自己的需要，不再顺应别人的要求。
- 重新感受自己内在的力量，不再需要别人认同。

处于轻松自在、安全及可信赖的环境下

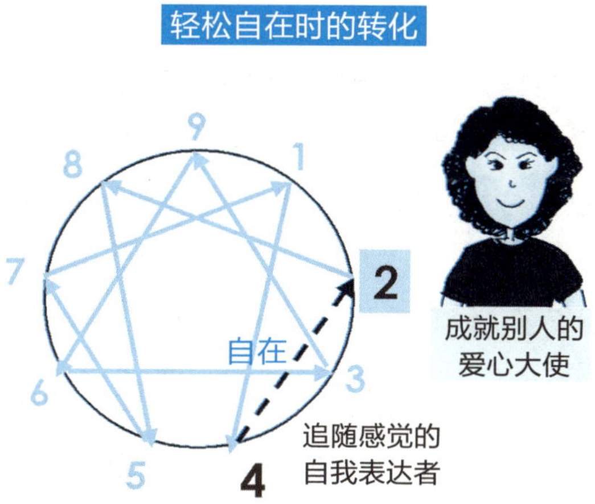

- 更突显 2 号本身的正面特质。
- 不再需要通过帮助人来肯定自己的价值。
- 开始留意自己真正想要的是什么，并悉心照顾自己。
- 坦然面对自己的优缺点，从而能真心学习谦卑。
- 不再过分调整自己以迎合别人的喜好。
- 接受别人对自己的支持和付出。
- 转化呈现 4 号的正负面特质。
- 体会到自己也是一个珍贵独特的人，像别人的需要一样，自己的需要也值得

重视。

- 开始将自己一直忽略了的才华发挥出来，尤其是创意艺术部分。
- 把注意力放回自己的内在，坦然接触自己的感受和情绪。
- 也可能变得勇于表达渴望别人的关爱，也不抗拒向别人说“不”。
- 过分自我退缩，过分沉溺在个人情感里。

最希望能活出一个怎样的人生

2 号最希望能在他的生命里付出自己的爱，点燃自己，照亮别人。

人生观

2 号认为在这个世界里，没有其他东西比能得到别人的爱和接纳更重要了。他们也相信必须先致力为别人付出，让别人觉得自己有贡献、有价值，别人才会向他回馈爱和认同。没有别人给予的这份认同，他会感到空洞和失落，觉得自己没有价值。

不自觉的深层恐惧及恶性循环

乐于助人确实是一种美德，也没有什么不妥。但是，如果行为背后的动机并非来自真正的本性，而是“自我结构”中用来博取别人认同而夸大或扭曲了本质的习性，那只会让我们离开自己原本的真我越来越远，也更难超越性格的框框而达到自我成长了。

其实，2 号之所以如此疲于奔命，不断地付出去帮助别人，是因为他极度渴望别人能回馈给他爱，以及以下的深层恐惧和恶性循环。

- 深层恐惧……

他害怕当自己对人变得毫无用处或没有贡献时，会被人厌弃、拒绝，不再被爱和认同。

● 恶性循环……

他认为没有贡献价值而要求别人的爱，会遭到拒绝和抛弃。在他的内心深处，他一直低估自己的价值，觉得本身的自己不值得被爱，更不相信世间有无条件的爱，以及他可以享有“接受爱”的自由和权利。所以，他开始不断地帮助别人，付出给予别人，希望别人因此而喜欢他，懂得他的好及重要性。得到别人的嘉许、感激和认同，他便可以肯定自己的价值。别人的认同也令 2 号变得骄傲（2 号自己未必察觉），觉得自己的能力比人优胜，也觉得自己拥有的已多得足够拿来分给别人，又怎会稀罕别人帮忙？所以，他绝少静下来聆听自己内心的需要。可是，当他只顾帮助别人而长期忽略自己隐藏的需求时，他开始觉得不满足。有一些 2 号会开始显现出他的占有欲，企图满足自己，觉得自己为对方如此牺牲便有资格干涉、管控别人的生活，也觉得受他帮助的人要更重视、感激他。另一些 2 号就更忙碌地再去付出给更多的人，以为只要能得到更多的人认同，便能填补内心空虚的一角，结果却遍寻不获。这样，就形成了 2 号的恶性循环。

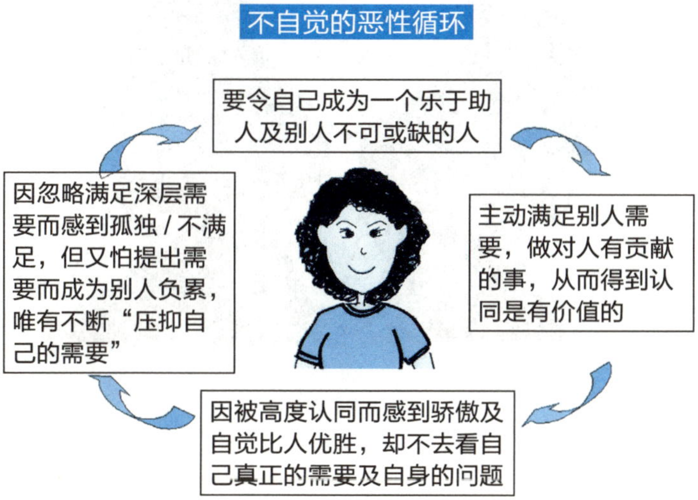

● 反思的时候……

2 号的朋友，难道你内心真的一点需要也没有吗？你就此甘心放下属于你自己的梦和理想吗？

3 号性格　追求成功的形象先锋

这种性格类型的人富有目标感，自信，工作效率高，具有社交魅力，并且形象出众。

专注焦点

- 我怎样才能得到别人的赞赏和尊重呢？
- 我的形象足够成功吗？
- 我的扮相能吸引别人的目光吗？
- 怎样才能又快又准地达到目标呢？

行为背后的动机

3 号自己讲自己

- 从小到大，我都有很清晰明确的目标。我会为目标坚持不懈地往前冲，到差不多完成一个目标时，我会为自己订立另一个目标，一个接一个。没有明确目标的情况，我想只会发生在自己人生低潮混乱的日子里吧。在工作上，我最怕应付的是那些没有清楚方向、又不能马上解决的持久战。
- 我做事讲求效率和结果，最重要是“快、好、正”。我重视要得到成功的结果多于是否喜欢或享受过程。我做事最讲求实际结果，因此做事我从不会因 3 分钟热度而开始，也不会因困难或沉闷半途而废。要是开始了，我就会努力专注地把它完成，直至达到预期的结果。我很难接受自己失败，一旦发生，对外我会为自己打圆场，向内我会为自己找很多借口，来减轻自己需要承受的压力。

- 我不会打一些没有把握的仗。要是一个比赛或一项工作我没有把握得胜，我根本就不会开始。我不会花无谓的精力让自己空手而回，我的把握除了来自对自己能力有信心外，也来自我懂得灵活变通的聪明才智。但对太没有挑战性的事，就算能轻易成功，我也未必会有兴趣，因为就算成功了，自己也不会满足，别人也不会欣赏或赞叹我的能力。
- 我很向往在成功完成工作后，别人对我的赞赏和认同。我会要求自己在不同的角色里也要做得出色。别人的赞美和掌声，像是我自信及能量的补充剂，让我更喜欢和欣赏自己，更有动力往前冲。但对一些不受注目的工作，我不会投入太多的精力。因为无论做得有多好，别人也不会察觉，我也不会因此获得赞赏。
- 我喜欢竞争，喜欢超越对手，在众人面前突出最卓越出色的自己。成为优胜者，我获得的满足感才是最大的，因为可以得到更多人的认同和欣赏。我喜欢独领风骚的工作，若在团队里工作，我会期望别人除了称赞我的团队外，也赞赏我个人的工作能力。
- 我有时也会陶醉在自己的成功故事里，为自己的成就沾沾自喜。除了众人皆看见的风光成绩外，我也会回味自己如何想出应变绝招或聪明的快捷方式来完成任务而感到沾沾自喜。
- 我喜欢别人觉得我是凭实力不慌不乱地完成目标，我会隐藏自己努力和狼狈不堪的样子。有时我被委以困难的重任，尽管我内心可能是焦急或不知所措，但我仍会在别人面前保持从容不迫的模样，直至完成目标。即使背后我可能需要通宵达旦、埋头苦干才完成任务。所以，旁人眼中觉得我“轻易获得”的成功，其实我是付出了很大代价的。
- 我很注重自己的形象，对仪容和装扮很讲究，喜欢自己的出现能令人眼前一亮。我很享受被人注意和欣赏。虽然我未必满身名牌，但总有几件备用。我希望给别人留下一个成功、自信、能干和精明的印象。

- **我做事讲究策略性的部署和计划，善于灵活运用资源或人际网络来帮助自己达到目的。**我每个行动、商议时应对的内容以及应以何种姿态出现等，都有深思之后的目的。但这些都已经是自然而生的自动化反应了，我不太需要准备。
- **我有很强的自我推动力，会积极培养一些迎合市场需要的素质，来增强自己的竞争力。**例如，考取一些有用的资格证明，参加一些有助拓展人际网络的活动等，来帮助自己发展事业。

- **虽然工作、家庭对我同样重要，但我往往会因工作而忽略了家庭。**为了补偿，我会很努力地为家人"做"很多的事，如积极为他们安排节目、送礼物给他们来

表达我的爱，尽量做到两者兼顾。但我仍被抱怨，没有拿出足够的时间与他们沟通。

- 社交方面，我可以说是八面玲珑。我口才了得，有很强的说服力，很懂得在不同的人面前如何推销自己，令他们对我产生好感。我用来赢取别人对我留下良好印象的形象，可以说是百变的，我会根据需要自然而然地塑造及演绎出一个人工合成的形象来。有点像变色龙，是吗？我的形象令我能有效地影响别人，助我达到目的。
- 我不会轻易表露自己真正的喜恶情绪，让别人知道我的底线和死穴。就算内心不安或愤怒，我表面上也会毫无异样。平时别人看到我的情绪表现，都是我有意识地表现出来的。我很少发火或与人发生冲突，因为除了会破坏形象外，也浪费时间，无助于解决问题。
- 我尽量避免面对自己内在的情感，怕沉溺在情绪中，不能集中精神工作，做不成事儿。也怕感到矛盾和混乱时，会失去向前冲的动力。因此，我会把感情的事搁在一旁，置之不理。

最有魅力的时候

自信能干，有慑人风采，有效率，富有目标感，办事能力强，社交能力强，很会推销自己，市场触觉敏锐，口才了得，应变力强，坚定不移，做事全力以赴。

最令人敬而远之的时候

自以为是，虚伪，假惺惺，利用别人，功利主义，市侩，太好胜，虚荣心强，踩低他人来抬高自己，不顾及别人的感受，冷漠，不守规矩走捷径。

说话上的沟通风格

- 用词肯定，有自信，绝不模棱两可。
- 讲话十分流畅，又快又急。
- 内容富有策略和目的。而且富有说服力：铺排有序，层次分明。
- 对于不能掌握、资料不足或暴露弱点的话题，会巧妙地以四两拨千斤的技巧避开或带过。

身体语言上的沟通风格

- 衣着光鲜醒目，非常配合环境及所需形象。令人眼前一亮，让人留意到他的出现。
- 站或坐都挺起胸膛，绝不会东倒西歪。
- 眼神、手势都充满自信，整体散发出一个能干、醒目的积极形象。
- 态度圆滑，表现积极，很会根据场合和共处的人而变化。

处于受压、紧张及有压迫感的情况下

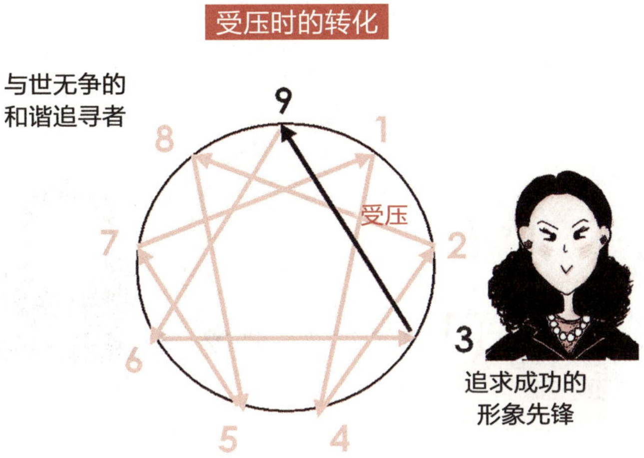

- 更突显 3 号本身的负面特质。

- 更机械地向着目标冲，以及更刻意地维护自己建立的形象。

- 比较心更强，更想打败别人来突显自己的优越，功利主义。

- 工作不懂适可而止，往往要到生病才晓得停下来。

- 转化呈现 9 号的正负面特质。

- 麻木自己的情绪，投身于更多的工作中，但效率降低。

- 失去决断力，怀疑自己的能力，做事变得拖沓。

- 避免面对无论是外在还是内在的冲突。

- 散漫、欠缺方向和动力，完全丧失原来的那股冲劲与热情。

- 会跳出压力的框框，放慢脚步，安静地独处，沉思及平衡过度的活动。

- 失去朝气，只是麻木地与人在一起，精神呆滞。

处于轻松自在、安全及可信赖的环境下

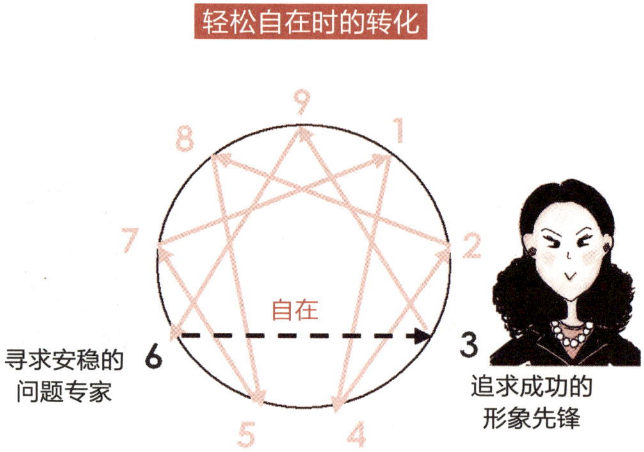

- 更突显 3 号本身的正面特质。

– 放松经常和别人比较的心。

– 比较感性，勇于表达真实的自己及接触自己内心的感受，接受自己不完美的一面，也较肯与别人分享内心世界，不再单以形象示人。

– 将目标延伸至大我的层面，为社会或有需要的人做些有意义的事。

- 转化呈现 6 号的正负面特质。

– 会减少工作，多留些时间陪伴家人，提升自己及追求自我成长。

– 忠于自己，忠于别人，更注重诚信。能干以外，还值得别人信任，是一位出色的领袖。

– 放下私心，多为大局团体着想。

– 愿意为自己相信的事努力，虽然结果未必能得到别人的注意或嘉许。

– 或会过于遵奉权威或外在期望，依赖及有点儿犹豫不决。

最希望能活出一个怎样的人生

3 号最希望能在人生的各方面取得一定成就，被大众肯定和尊重。

人生观

3 号认为人的价值直接与他的表现和建立的成就有关，而非关于他自身存在的价值。有成就的人便值得被别人爱和尊重。没有成就的人，会变得一文不值，也不值得被人关注和重视。

不自觉的深层恐惧及恶性循环

其实，3 号之所以不断追求成功，是因为以下的深层恐惧和恶性循环。

- 深层恐惧……

他害怕自己一事无成时，会丧失吸引人的风采，不再受注目、赞赏和尊重。

- 恶性循环……

他认为最原本真正的自己是不值得被人接纳和爱的，所以他才努力希望靠自己创造的成就及建立的形象来换取别人的认同。当别人认同他的成就及形象后，他的自我也会逐渐膨胀，产生骄傲和“虚荣心”，自觉胜人一筹，更看重名利虚荣的得失。同时，他也开始“欺骗”自己那个永远都成功能干、不受情感困扰的形象才是真正的自己，结果他与内在真实的自己更加分裂。所以，每当他自己静下来回归心灵，接触内在真实的自己时，就会感觉困惑、矛盾。为了脱离这样的矛盾和内在冲突，他唯有更加否定原来真实的自己，继续专注外在的世界，追求成功，希望能靠不断的成就去获取别人的认同和尊重。这样，就形成了 3 号的恶性循环。

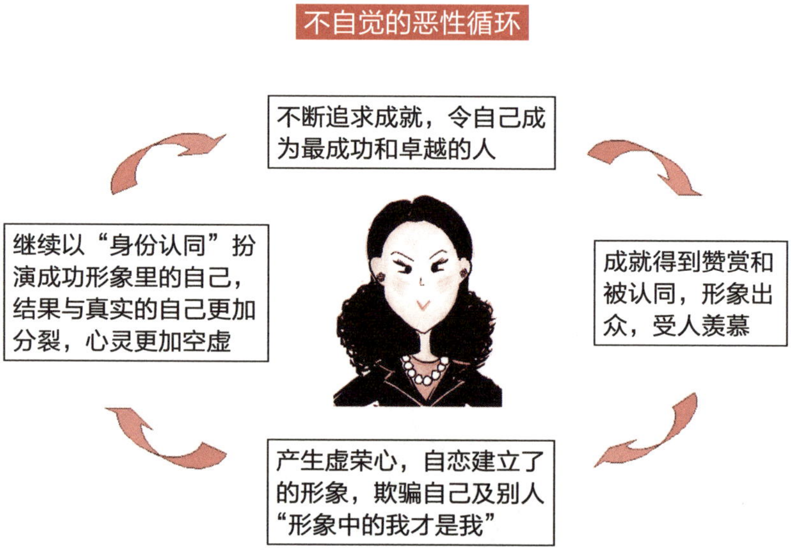

● 反思的时候……

你一生中不断地为自己创造那么多的成就，是想赢取别人的赞赏和肯定，还是你真的重视成果对你的实质价值和意义呢？

虽然每次成功，你都得到了很多的赞赏和艳羡目光，但在你埋头积聚成功案例的背后，你甚至你的家人为此所付出的代价是否真的值得呢？

4 号性格　追随感觉的自我表达者

这种性格类型的人，自我，感性，我行我素，富有独特的创造力，渴求心灵的真善美。

专注焦点

- 能让我表达我自己吗？
- 我会否再次被人遗弃呢？
- 我一定是哪里比不上别人吧！
- 我的生命中缺少了……

行为背后的动机

4 号自己讲自己

- 我是一个敏感、感情细腻的人，我很容易被身边的人和事，甚至环境所触动。我对事物的感受往往比一般人深。春去秋来，老人满脸的皱纹，别人幸福的笑容，一段微不足道的新闻报道，或别人无意的一句晦气话，都会让我产生强烈的情绪。有时就算很轻微的批评，也会让我感到被伤害及难受。
- 我是挺情绪化的。我经常大起大落的情绪让身边的人觉得我难以捉摸。其实，我只是想跟随自己的感觉行事，把自己最真的一面表露出来。然而，社会各种各样的规范不允许我做回自己，把我的情感表达看成不恰当、任性及小题大作。在我年少时，我有段时间曾经为

此感到迷惘，不知道自己究竟是谁。

- 我无法得到别人唾手可得的幸福，我觉得自己生来就已经缺少了一些珍贵的、可以令我生命完整的东西，所以我无法得到与别人一样的幸福生活。别人享受的幸福，我好像寻觅一生也只能扑空或失望而归。我只有默然站在一旁羡慕别人的份儿。我像被注定不能享有一个圆满及快乐的人生。

- 我渴望与人建立的，是一种深层次的联系，但并非有很多人能真正地明白我。我从不稀罕相识满天下，只求有一知己能明白我、真心对我便足够了。我不介意一般人怎样评价我。因为一般人根本就不认识我，他们看到的只是我其中的一面，并非一个完整的我。但对于我认为重要的人，被他误解或曲解，我会感到委屈与伤心。

- 在感情的事上，我是勇敢和爱恨分明的。我渴求一段非凡和轰轰烈烈的爱情。为了追求某些感觉或体验，我会忠于自己，大胆地勇往直前，不理会合理与否。一份完美浪漫的爱情可以整合我的人生，滋养我的灵魂。我希望能静静地栖息于世界某个角落，跟我相爱的人自由地、痛快地，每天为生命一起哭，一起笑。但可惜世事难从人愿，我得到的往往不是我最渴望得到的，最吸引我的人总是无法接近，或不能成为我的伴侣。我与恋人的关系也总是拖拖拉拉的，当大家的关系很亲密后，我就会觉得不对劲，总想把对方推开。但当他离我而去时，我又很挂念他，觉得远远的他是最好的。

- 我盼望得到被人溺爱及宠坏的感觉。我希望别人珍惜我，温柔、细心地呵护我。那份对我专一、浓烈的爱，可以稍微舒缓我那匮乏的感觉，让我感到充实。
- 我并不抗拒人间悲苦的一面，也很容易跌入沮丧忧郁的漩涡里，不能自已。有时沉溺在忧郁当中的我，更会享受这份深层情绪带来的真实感觉，不愿离开，也不愿理会周围的人和事。无奈这样做，只会使我更从现实中抽离，与人更加格格不入，令我在人际关系上遇到不少的困难。我忽略的是去细看及珍惜我早已拥有的一切。
- 当我心情非常低落时，整个人会像失去运作的能力一样。我会形容自己好像同时存活在另一个很真实的悲情世界里。在那种时刻，请不要理会我，也不要追问我发生了什么事，或指导我应该怎样去解决问题。我需要的是让我沉浸在我的哀伤里，深深地去体会我自己的感受。我只需要你静静地陪伴着我，感受我所感，令我有心贴着心的感觉。
- 平时在工作的环境里，你很难察觉我是一个多愁善感的人。我了解到我必须为生存而妥协，我总要吃饭，于是我总得装作正正常常和凡人一般去上班。我会尽心地努力工作，饰演一位出色的员工。其实，我也可以对工作充满热诚的……只要我对它产生感觉。

- **我有丰富的想象力，爱幻想把自己代入一些不平凡的经历里尽情体验。**例如一段荡气回肠爱情故事里的一个凄美角色，或战火中拯救众生的医者。我爱停留在这种感觉中，故事虽然是虚构的，但我的感觉是真实的。生活太单调了，对我来说，能靠幻想来体验一些强烈的情感是重要的，我不愿离开。
- **我一向都给人一种非常自我和独特的气质，我喜欢被别人看成独一无二。**我为自己的独特气质能吸引别人感到满足。别人欣赏我的气质，比赞美我漂亮、俊俏有意思得多。我就是不能接受自己是个平凡、毫不起眼的凡夫俗子。
- **我对品位和艺术有一种独特的眼光，我对美的追求也较一般人深。**我欣赏的并非是一些流于表面的东西，我喜欢那些有象征意义的艺术品。我有丰富的创造力，我很喜欢通过艺术去表达或抒发我的情感或感觉。

- **虽然我情感非常丰富，但我不太懂得怎样用语言去表达自己。**我使用的言词根本就无法恰当地把我内心的感觉表达出来。再者，有些感觉根本就只可意会，不可言传。有时，通过艺术品来表达情感的浓烈程度胜过文字和说话。
- **我喜欢各种能触动强烈情绪的元素。除了与人的关系外，也包括一些事物及环境**

气氛。当我沉浸在强烈的情感当中时，我才感觉到自己充满生命力，身边的一切才色彩缤纷。

- 我祈望能解读生命的密码，找到自己存在的价值。我对存在的意义及生命的演绎与一般人不一样，我向往的不是世俗人所寻求的，我渴求体验的是人性中的真善美，以及心灵与苍穹的联系。
- 我有很强的同理心。对于一些正处于困境的朋友，我很容易了解他们的痛苦，与他们感同身受。我会尽自己能力，尤其在情感上去支持和安慰他。
- 对我来说，信仰及一些灵修的哲学有一种莫名的吸引力。它令我接触到自己灵性的一部分，那种超然的能力，让我觉得自己其实并非一个单独的个体，而是和宇宙相连。信仰也让我懂得把焦点由放在个人的主观感受上扩展至放在多与别人联系上，让我与其他人的距离拉近。

最有魅力的时候

感性，富有人情味，慈悲，很会同情及支持受难者，艺术触觉强，细腻，善于表达情感，真诚，有创造力，有审美眼光，富热情及激情，有品味。

最令人敬而远之的时候

太自我，自私，容易嫉妒，占有欲强，多愁善感，不懂得珍惜自己拥有的，不能自拔地陷入忧郁，对人若即若离，太过敏感，不够积极，夸张，依赖性强。

说话上的沟通风格

- 用很多“我”字及以“我”的角度去理解外面的事情。为求能丰富地去表达内心强烈情感的意思，说话有时会刻意用字词修饰或以比较独特的方法去描述，以引起别人的注意力，令别人记起他所说过的话。

- 喜欢分享个人的生活故事，来与别人建立联系及取得共鸣。
- 当说到内心一些很想表达的情感时，就不太理会当下的环境，需要尽情抒发才能满足。

身体语言上的沟通风格

- 衣着打扮中表现出比较自我独特的一面，刻意低调地显示出与众不同的风格。
- 很多时候会陶醉于自我的内心世界，想得入神，显得若有所思。
- 坐立的姿态会以自己舒适为首要选择，有时不太理会是否恰当。

处于受压、紧张及有压迫感的情况下

受压时的转化

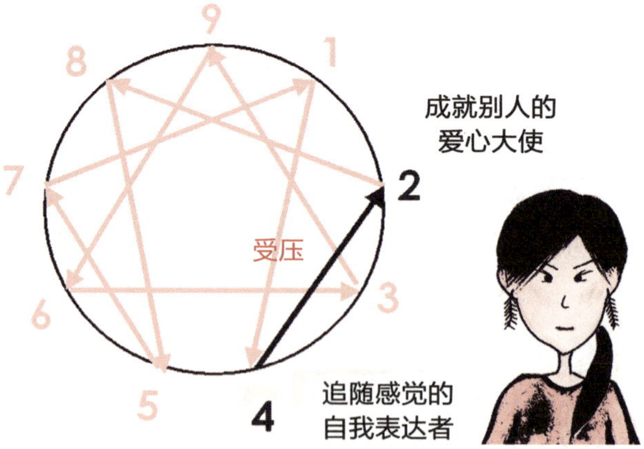

- 更突显 4 号本身的负面特质。
  - 情绪的波动幅度变得更大，悲喜更显大起大落。
  - 更加把自己从人群中退隐起来，孤立隔离自己。
  - 压抑无法释放的负面能量，在此情况下，有可能更会因此影响自己的健康而生病。
  - 或会不受控制地任由情感驾驭自己。极端时，更有自毁倾向，以得到别人最大的关爱及永恒的怀念。
- 转化呈现 2 号的正负面特质。
  - 逃避面对自己在情感上的需要，转向满足那些爱及接纳他们的人的需要上。希望借着得到对方的怜爱和关心填补自己的空虚，帮助自己重新接纳自己。
  - 显现操控及占有欲，会放纵地争取自己想要的东西。
  - 压抑自己的情绪而不去表达。
  - 重新认同自己的价值，慢慢地从自我沉溺的世界里苏醒过来，再一次与外面的现实世界建立联系。

处于轻松自在、安全及可信赖的环境下

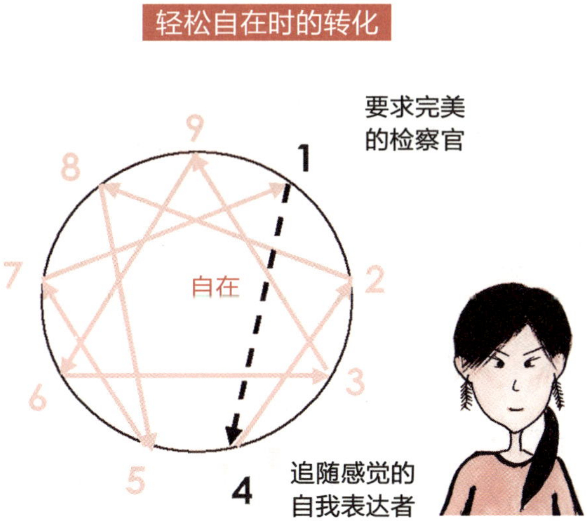

- 更突显 4 号本身的正面特质。
  - 真正领略到每个人（包括最原本的自己）就是独特的，是不用刻意营造的。对自己与生俱来的一切感恩及欣赏。
  - 能从平凡中去体会和欣赏它不平凡的一面。
  - 不再夸大或内在投射一些根本不存在于自己的情绪，换上的是切实地感受一下自己真正的感觉。
- 转化呈现 1 号的正负面特质。
  - 摒弃自我陶醉及只以主观感受看世界的习性，而变为自律、积极行动、有方向感及以客观的角度去看待事物。
  - 忠于事实及做正确的事。
  - 会要求身边的事或关系变得更完美，会显得挑剔、富有批判性。

最希望能活出一个怎样的人生

4 号最希望能活出一个有意义、有深度的人生。在人生中，能寻回自己最原本的根，活出最纯净、最真实及深入灵性层次的那个自己，然后可以带着微笑离开这个世界，就像一朵花儿曾经绽放过美丽才最终凋谢一样。

人生观

4 号觉得在他的生命中，仿佛遗失了一件重要的东西，以致令他无法与这个世界的爱联系起来。他相信只要能一再拥抱它，以它整合自己，他的生命才会得到圆满，才不至于遗憾。

不自觉的深层恐惧及恶性循环

其实 4 号那么拒绝平凡，是因为以下的深层恐惧和恶性循环。

● 深层恐惧……

他害怕太平凡的自己不再吸引别人，不值得被人怜爱，因此遭人厌恶和遗弃。

● 恶性循环……

他一直都觉得自己的生命是有欠缺的，所以经常都以比不上人的心态去羡慕一些别人有而自己没法得到的东西。这种强烈的渴望和嫉妒，除了令他把内在的空虚和失落感挖空得更深外，更令他陷入不能自拔的忧郁中。然后，潜意识为了填满自己觉得空空的内心，便向内投射一些并不是真实的感觉给自己，把它当作事实。例如，别人随意的一句晦气话，就算未必与他有关，他也会不自觉地把自己和这句话扯上关系，再加上自己的悲伤感觉，演绎成“这个感觉是真实的”，然后把这种感觉充满自己，让自己陷入极深的幽怨中，觉得没有人能了解和认同自己，也得不到别人可以有的幸福。这种与众不同及特别的气质令人对他产生怜爱而想去接近他，这也加强了 4 号觉得更要突显自己的特别及不平凡的重要性。可是，当别人由怜生爱，越是接近他时，他又怕自己的平凡及不完美被发现，与此同时，他也觉得自己所找到的爱并非他想象及羡慕的那样美，一定又是自己有什么不好，于是又把对方推开。这又一次触发了他再去留意自己欠缺的东西，而再去羡慕别人。就这样，便形成了 4 号的恶性循环。

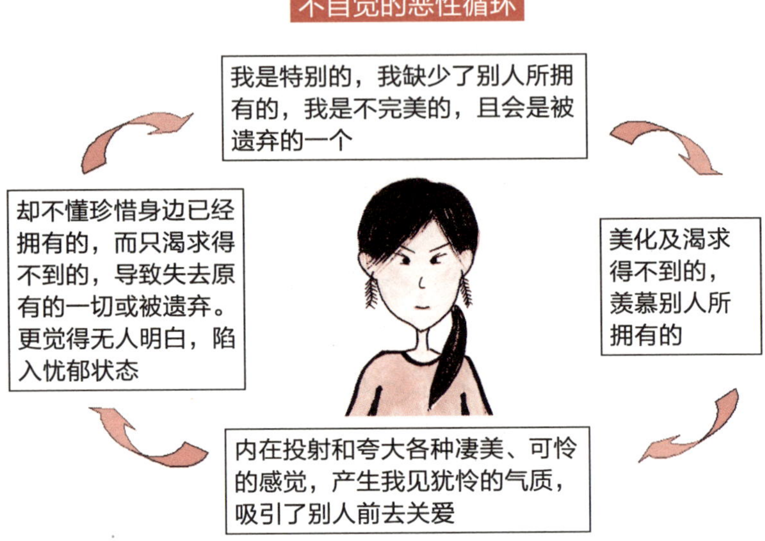

- 反思的时候……

4 号的朋友，你一生都在为自己得不到的东西而黯然神伤，但你是否细数过你今天所拥有的幸福，并为此而感恩呢？

你何不张开你一直紧闭着的手指，你会发现你能由什么也抓不到，变成拥有整个天地。

5 号性格　理性分析的旁观者

这种性格类型的人，理性，冷静，爱好学术知识研究，观察力及分析力强。

专注焦点

我拥有的时间、精力和资源，是否会被别人索取太多而不够自己使用呢？

行为背后的动机

5 号自己讲自己

- **我为人理性，头脑冷静，有很强的思考能力。**我喜欢思考，用多角度及立体化的方式去观察、分析、研究和整合事物之间的关系。我出色的洞察力令我能查找或领略出一些别人看不透的东西。我善于把不同的资料联结，找出结论。就算是既定的概念，我也喜欢亲自测试其正确性。我的冷静也令我临危不乱，处变不惊。
- **我喜欢深入的学术研究。**我喜欢的题材不是每个人都喜欢，大多是比较冷门的，范围非常广泛。例如，早先我研究混合性动力燃油，现在我正研读有关泥土与环境关系的书籍。

- **对我来说，追求知识是一种很自然的推动，是充满好奇和渴望的。**如果要我停止研究感兴趣的课题，我会感到很空虚。
- **我有时会长期停留在思考阶段而缺乏行动。**我久久没有行动，是因为我总觉得还未充分掌握资料。不知道事情的全部，就等于还没有准备好，那么我又怎能随意

行动呢！

- 我不善于处理生活中的烦琐事务。我工作的地方通常有较多东西，比较混乱（其实，很有系统地分过类了）。我也疏于照料自己，包括梳洗、进食、作息等。比起我的研究，这些太不重要了。
- 我也喜欢收藏一些我认为有价值的书、数据及我所研究的分析资料。这是我努力的成果，就算已很少翻阅或使用，我也舍不得丢掉。
- 我需要很多私人空间，很享受独处。我会留给自己很多独处的时间，然后静静地阅读、思考或查找数据，在自己的思想领域内穿梭，探索无穷尽的知识。我有时可以一坐便一整天，浑然忘我地分析、研究。

- 我性格内敛，不喜欢也不善于社交。尤其在陌生人面前，我会浑身不自在，闲聊一会便觉疲累，想离开或从人群中逃离，躲到一角观察四周的情况。其实，有时我也喜欢和三两个朋友共聚，不过很少是我主动的。朋友见面不会太频繁，持续时间也不会太长，因此和我长期交往的朋友不多。这些都不太重要，最重要的还是当我想独处时不会被打扰。

- 我对闲话家常不感兴趣，若是交流学术心得，我就兴致勃勃了。老实说，我真的不懂得闲谈，我的生活那么简单，实在没有什么值得跟别人谈的。若分享我研究的课题，说了别人也不会理解。对我来说，交谈的定义是：互相交流有用的信息。闲话家常太肤浅了，无法加深我对整体世界的认识。但在学术交流的研讨会或展览中，我的表现会截然不同。当触及我感兴趣的领域时，我会兴奋雀跃，主动和别人交流讨论，甚至建立人际网络，待日后需要时再作交流。

- 我表情变化不大，对答也极其精简。别人常说我酷，不太有兴趣接近我。我不是故意地漫无表情，只是我根本就没有太大的情感变化。很少有事情能令我惊喜，因为在它发生前，我已经仔细思考过，结果也在我的预料之中。另外，当我气愤时，我也会很快恢复冷静，然后去理性剖析问题。说话精简，其实也没啥不妥，可以省点儿力气做其他的事情，比如做研究等。
- 在人际关系上，我会把我认识的人系统化地分门别类。一来可以保持简单、清晰的关系，二来也可以保障我自己的隐私。同事、家人、朋友、学术研究伙伴，我

和他们的关系通常都分得很清楚。同事就是同事，除了工作的事情外，就算与我共事多年的同事，也未必知道我的家庭状况。朋友的活动，我也甚少携带家眷出席。太错综复杂的关系，我不懂得处理，也令我觉得没有安全感。

- 我抗拒面对强烈的情感。遇上别人很激动时，我会不知所措。这包括那些大声讲话，滔滔不绝或情绪大起大落，讲感觉、感受多于理性分析的人。我不懂如何反应及感到浑身不自在。我也会自动逃离，令自己感受不到。

- 我拙于以语言来表达情感。我总是词不达意，所以很少与别人分享内心感受及自己的故事。若别人逼我在他们面前讲感受，我会情感瘫痪。其实，我并非没有情感，当我独处的时候，我的感受会比较强烈和清晰，我需要单独地消化它。不过，我也知道自己太情感抽离，令我难于与人建立更亲密的人际关系。
- 我最抗拒别人要我在没有充分准备下发表意见。没有给我足够的时间去搜集资料及去了解情况，便要我表达立场或作决定，对我来说显得太混乱了，也会把我的步骤全部打乱，情况就像叫我乱掷骰子作决定或胡说一通没有分别。
- 我并非一般人眼中的吝啬。吝啬的定义是：当拥有很多也不愿意与别人分享。我不愿意付出太多金钱、时间甚至感情，是因为我觉得自己没有足够的供给自己使用，要是我与人分享，我怕自己会更加缺少。所以，我必须确保资源用得其所。例如，我只会对我信任的人及我的挚爱付出时间和感情。

- 我的生活非常简单。物质上的东西不会让我感到满足和快乐。我追求的是精神和思想上的满足。我对物质的欲望很低，甚少在这方面花钱和时间。够吃够穿，有个蜗居，就可以了。我购物消费，只注重其实用功能和是否物有所值。

最有魅力的时候

分析力及洞察力强，善于思考，冷静，客观，专注及坚持，有强烈的好奇心，包容力强，谦谦有礼，博学多才，理性，具有锲而不舍及追求真理的精神，独立，很懂得自得其乐，重视精神生活多过物质生活。

最令人敬而远之的时候

抽离，被动，冷漠，害羞，拙于社交，对人太多保留，不愿意分享，吝啬，自私，自傲，爱为道理争论，固执，外表不修边幅，不懂得主动关心别人。

说话上的沟通风格

- 客观，冷静，喜欢以多种角度讨论问题。
- 很少主动说话。对答极其精简。一句起，两句止。你不问细节，他不会详细地说出。但如果涉及他研究的项目，他会变得滔滔不绝。
- 声音偏小，声调平平，没有太大的抑扬顿挫，说重要或不重要的事都一样的调子。要他大声说话，他会显得很不自然。
- 对事情只会描述实况及作出剖析，绝少分享自己的感受。
- 不谈私事，也不喜欢别人查问。偶然谈到，也像述说第三者的事一样，感情一点也不被牵动。

- 不喜欢被强迫当下回答一些未能有机会深思熟虑的问题。

身体语言上的沟通风格

- 大多安稳地坐好，发出的信息像说："请不要注意到我。我是旁听、旁观的……你们继续讲，不要理我……"
- 面部表情非常平淡，没有太大的变化。感觉他只有头部以上的身体才有生命，颈部以下好像僵硬了一样。
- 要他说出自己感受时，他会眼神逃避，不去正视对方。
- 服饰一般朴素平实，不太注重时兴式样，甚至会有点儿过时或搭配不当。

处于受压、紧张及有压迫感的情况下

受压时的转化

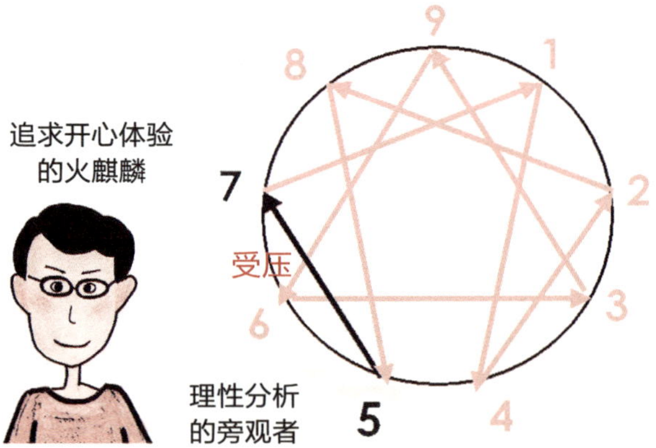

- 更突显 5 号本身的负面特质。
  - 更加封闭自己的情绪，对人冷漠无情，拒人于千里之外。
  - 加倍忽略照料自己的身体及仪容。

- 自觉不足，觉得既然不可以影响事情，便更缺乏行动。
- 更抽离，不与别人接触。

● 转化呈现 7 号的正负面特质。

- 更加理性分析，逃避情感，闪身变为隐形侠。
- 灵活地思索更多可以解决压力源头的方法，会变得很亲切主动地去接近别人，以搜集资料，解决问题。
- 倾向以幽默手法来淡化、缓和紧张情绪或之前太过执着的坚持。
- 面对错误时，倾向于很理论化地空谈修正的计划，来拖延回避对方。
- 只看事情好的一面，避免处理负面的问题。

处于轻松自在、安全及可信赖的环境下

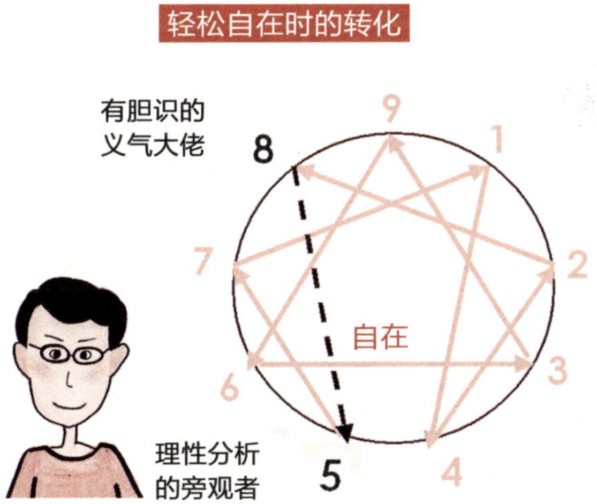

● 更突显 5 号本身的正面特质。

- 乐于与人接触及分享自己的宝贵知识。
- 懂得感受自己的情感，不去压抑，敢于适当地表达出来。
- 不再刻意地把自己藏起来，愿意站出来让别人有机会留意到自己。

- 转化呈现 8 号的正负面特质。
  - 对生命更有把握，对自己充满信心，变得愿意承担及有所行动。
  - 不再只忙于充实自己，会花时间照顾、保护身边的人。
  - 愿意把学到的知识转化为行动，再通过行动上得到的经验领略更深层次的知识。
  - 比较开放自己去接触及表达自己的情感，也勇于表达自己的想法。
  - 或会显得有点儿自以为是，支配及控制别人，忽略别人的感受，要别人跟随他的方法及步骤去做事。

最希望能活出一个怎样的人生

5 号最希望自己具有能洞察宇宙生命的智慧，拥有丰富的知识及精神丰足的人生。

人生观

5 号觉得这宇宙可以让自己学习的知识实在太多了，渴望能尽量吸收并令自己更充实，在逆境中有能力保护自己。为了令自己有更多时间来探索知识，5 号会尽量减少与人接触，以免被人分摊了他的资源。同时，他把自己的需求及欲望降至最低，尽量做到自给自足，不依赖别人。

不自觉的深层恐惧及恶性循环

其实，5 号之所以不断地追求知识，渴望自己对世界洞悉得更多些，是因为以下的深层恐惧和恶性循环。

- 深层恐惧……

他害怕被外界苛索过多，而自己又没有足够的资源及可依靠的能力来维持生活和保护自己。

● 恶性循环……

5 号一直觉得深层内原本的自己是贫乏空洞的，加上外界能给予自己的又那么少，所以他深信原本的他根本就没有足够的能力和资源来保护自己。为了得到安全感，他唯有不断地积累更多知识，让自己有能力独自阐释身边发生的一切，解决问题，让自己更能掌握命运，懂得如何保护自己。填满知识也令他更有自信和力量，在别人面前更有优越感。因此，5 号习惯远离人群，独自探索知识宝库，充实空洞的自己，或在人群中以旁观者的方式搜集数据。他的过度抽离，令别人无法与他建立深厚的联系。另一方面，他认为情感是不受控制的，置身其中，容易受到伤害，所以也不敢与人太接近。但由于缺乏与人联系而得不到足够的爱，他内心便产生了比原先更大的空虚及孤独感。为了排除这些感觉，他更加以吸取知识来抽离现实，可是他越躲在自己的思想领域里，便越不懂得与人沟通，与人的隔膜也越深。这样，就形成了 5 号的恶性循环。

不自觉的恶性循环

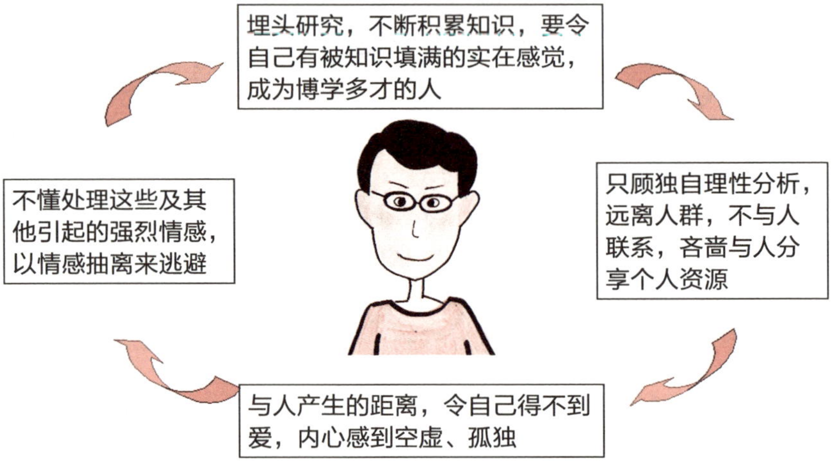

● 反思的时候……

5号的朋友，虽然你很享受独处，但难道你没有感到空虚和孤独吗？当你想找人与自己分享内心感受时，却不懂如何与人沟通。虽然你不会让这种感觉停留太久，但也并不好受吧！

6 号性格　寻求安稳的问题专家

这种性格类型的人，忠实可靠，友善，谨慎，勤奋及富有危机感。

专注焦点

- 这里会否不安全呢？
- 他值得我相信吗？
- 他这样做是否有隐藏目的呢？
- 选择A还是B好呢？

行为背后的动机

6 号自己讲自己

- **我的危机感很重。只要环境出现轻微变化，就会引起我的警觉。**我会自动地想象可能发生的危机、发生时的应对方法等。如果令我怀疑的征兆持续，我的幻想会继续不断扩大，脑中问题一个接一个，令自己产生很多忧虑和不安。可是有时在怀疑过程中，又会反过来质疑自己是否过于多疑。结果双向的怀疑与矛盾，令自己苦恼不已。当我预计的危险真的发生时，我反而未必那么害怕，因为我早已准备好怎么去应对。倒是在我怀疑它会否发生时最折腾我。对于这些令我感到忧虑

或感到威胁的事物，我通常会尽量避开。

（注意：6 号分为“恐惧型”和“对抗恐惧型”两种。“恐惧型”的 6 号克服恐惧的方法是尽量避开危险的东西；“对抗恐惧型”的 6 号越是在恐惧时，越倾向于冲向危险的事去对抗或攻击，企图以先下手为强的方式控制局面，降低自己逐渐升高的焦虑。这有别于真正有勇气地去面对危险，而是想虚张声势，对抗恐惧的对象，借此掩饰自己心底的脆弱，并让别人觉得他是不易被欺负的。）

- **我做人态度谨慎，凡事都深思熟虑，喜欢咨询多方意见，直至想得很透彻才会行动。**例如，购买一部电器，我会搜集很多相关资料作为参考，再向熟悉这方面的朋友或专家征询意见，也会到不同的商店向售货员咨询，并试探他们的产品是否有隐蔽处没在宣传资料上说明。然后进行反复考虑，才安心购买。我觉得率性而为，单凭自己喜欢与否而行事，真是太危险了。做人还是小心一点好，正所谓“小心驶得万年船”。
- **我喜欢抽丝剥茧地去仔细分析事情，预先设想各种“万一会发生的负面可能性”，并计划如何应变。**我的细心令我的计划非常周详，无论事情如何变化，也有预备好的应变措施，所以我很少出错。但有时会因太集中其中一部分而忽略了宏观因素。
- **我对负面的可能性特别敏感，所以不太轻易作决定。**我觉得每个选择都有它潜在的风险，要选择其一并容纳它可能发生的危害（纵使只有很小的概率），内心无论怎样选择也感觉为难，就算决定了，内心仍会因未能得到百分之百的安全保证而感到忧虑。另外，过分犹豫也让我经常因此减缓行动。但奇怪的是，当情况危急时，我反而会不慌不忙，变得很有决断力。虽然我不享受作决定的过程，但我不喜欢被人剥夺作决定的权利，别人替我做主，我会怕被操控，失去自主权。

- **我担心将来多过憧憬美好将来。**年轻时，我会担心自己的学业。工作后，我会担忧自己的前途。年纪渐长，我又开始忧虑自己身体会有什么毛病。所以今天的我，非常重视未雨绸缪，我会多准备点儿储蓄并多买一两份保险来面对将来。
- **我的多疑有时也会令我显得神经过敏和情绪化。**过分多疑和怀疑别人，有时也会把自己弄得神经过敏。加上因长期处于神经绷紧的警觉状态下，压力过大，所以也会因一点小事变得小题大做，情绪突然失控。

- **我相信团结就是力量，有团队作为我的后盾，我会有更大的安全感。我对团队也是忠心耿耿。**我很重视家庭和朋友关系，也喜欢参加一些团体活动。在团队里，大家群策群力，万众一心，凡事共进退，有这样团结的后盾作支持，我做事也会更加勇敢和自信。我对团队同样也是忠心耿耿，当别人遇到困难时，我会竭尽所能地帮忙他们，做到“有福同享，有难同当”。在团队里，我通常不会很突出，但偶尔也会渴望成为领袖，只是很多时候没有勇气站出来。

- **我渴望和别人建立互信的关系，但我又不会轻易信任别人，尤其是认识不太久的人。**我不会单看表面来决定别人是否值得信任，我会留意其他的蛛丝马迹，猜想别人所说的

话及行为背后的动机，觉得那些才是真相。有时别人对我太好，我反而会怀疑他们的居心。当然，别人对我不好时，我就更会加倍提防。有时，我也会考验朋友及伴侣对我的忠诚度，这样可以让自己更安心地和他在一起。

- **我对信任的态度很两极化，即“非常信任”或“非常不信任”。**交往一段时间后，我觉得你是一个值得信赖的朋友时，我会对你忠心耿耿，并会无条件地支持你。但如果我发现你对我不老实，事事隐瞒，我会彻底地不信任你。
- **我做人不爱好高骛远，工作态度务实，很注重稳健，是一个勤奋、负责任及服从性高的好员工。**我偏好选择稳定性较高的工作，对公司也很忠心，很少转换工作。我最渴望的并不是飞黄腾达的成就，而是希望公司能认同我的付出和重要性，给我稳定的发展机会，让我继续拥有一份安稳的工作，不用担心失业和被裁掉的危机。

- **我做事处世一向奉行中庸之道，我觉得这是最安全的做法。**我对人态度大多亲切友善，不会胡乱与人结怨。我也不想太成功，因为太成功，别人会把我视为挑战及攻击的目标，我也会因害怕失败而终日惶恐不已。做人还是踏实一点的好，野心越大，要承受的风险也会越高呢！

- 我做事很有系统性和组织性，喜欢整齐和有秩序。因为不能预料的事情已经够多了，所以如果事情是在我能力控制范围之内，那么我会尽量通过有架构和秩序的系统，使自己掌握情况，减少因混乱而带来的不确定性。
- 我渴望别人认同我的想法，别人的认同会让我更肯定自己。我不是没有自己的立场，通常经过深思熟虑之后，我会有一套自己的想法，但我必须要得到很多人的鼓励和认同，特别是权威人士的认同，之后我才更加确定。虽然我很需要别人的意见，但别人反对我时，我未必一定会以别人的意见进行取舍，其实很多时候到了最后，我还是会按照自己的选择行事。所以问与不问，结果可能是一样的，只是信心有别而已。
- 我对权威者可以说是又爱又恨。在迷惘时，很需要他们给我客观明确的指引或认同。但又怕权威者的力量过大，对自己造成威胁和伤害，所以我对他们有时依附，有时反抗。
- 我对弱者的同理心特别强。遇到别人双方在争持的时候，就算理亏的是弱势一方，我也会给予支持。我之所以会这样做，可能是因为我对其能够感同身受吧！

最有魅力的时候

谨慎，忠诚可靠，尽责，勤奋，有计划，做事未雨绸缪，小心周详，顾家可靠，平易近人，合群，爱支持别人，守规矩，服从性强，富有想象力，务实进取，富有危机感，好奇心大。

最令人敬而远之的时候

过分忧虑，疑心大，爱试探，挑衅，优柔寡断，不信任别人，依赖心强，抱怨别人，矛盾，不清楚自己想怎样，杞人忧天，飘忽不定，经常改变主意，胆怯，太负面，欠缺行动，拖泥带水，偏执，爱讽刺。

说话上的沟通风格

- 说话里夹杂着很多矛盾的信息，例如“是 / 同意……不过……”“虽然……但是……”“万一……”等词汇。
- 经常反复，不太肯定自己的立场，多数时候倾向于附和大多数的决定。
- 善于察觉事情的漏洞并提出改进建议。
- 讨论初期或会表现雀跃和支持，但到最后决定时，会变得有保留或犹豫。
- “对抗恐惧型”的 6 号说话或会带有挑战性，虽然他只是担心，但表现出来的态度却是“你想清楚了吗?”“你是否觉得不安全?”“你是否真的能够确保……?”看似是因为担心你没有想清楚才问这一大堆问题。

身体语言上的沟通风格

- 眼神变化颇大。有时集中和有信心，但忽然间又会眼神左右飘忽不定，皱眉，表情困惑。似在盘算很多，有很多问题不停地在大脑中涌现一样。
- 在未能肯定你是否对他有威胁前，他的身体会与你保持一定距离。
- 如果双方立场对立，不安的动作会陆续出现，如欲言又止、吞口水、坐立不安等小动作。

处于受压、紧张及有压迫感的情况下

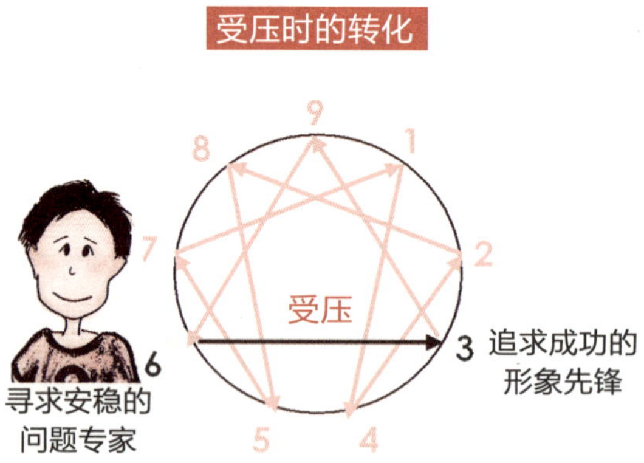

- 更突显 6 号本身的负面特质。
  - 更加焦虑、担心和犹豫不决。
  - 容易抱怨别人，把自己变成受害者。
  - 更加怀疑自己，需要更多的证明才敢行动。
  - 很想跟随一些高人的指点，但又怕遭人支配。
  - 与别人争辩，矫枉过正，以攻击别人的意见来证明他并非没有立场，但又不代表会以自己坚持的立场来行事，思想矛盾。
- 转化呈现 3 号的正负面特质。
  - 为逃避内在的忧虑，把焦点转往外在的工作上，把自己弄得非常忙。
  - 享受自己有行动及进展的感觉，焦虑减少了，变得积极且有效率。
  - 会塑造需要的形象来配合环境，寻找安全联盟及别人认同。
  - 以忠心和服从来迎合权威的要求，借此赢取他们的信任。

处于轻松自在、安全及可信赖的环境下

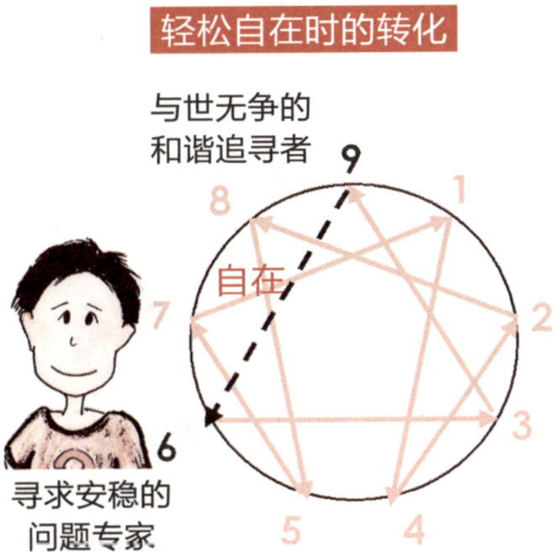

- 更突显 6 号本身的正面特质。
  - 不再依赖别人的意见，信任自己的立场及敢于作决定。
  - 勇于承担自己选择的后果，自信有能力保护自己。

- 除了想象事情负面的结果，也开始留意事情正面的可能性。
- 对待别人变得更加亲切，很想与人建立更深的联系。

● 转化呈现 9 号的正负面特质。

- 情绪转向稳定，精神放松，不再事事过于紧张。
- 看事情的角度宽阔了。看到的不再只是一棵树，而是一片森林。
- 同理心较强。平静安逸，不再小题大做，懂得小事化无。
- 相信“船到桥头自然直”，但有时会过分拖延。
- 逃避正视或处理问题。做一些“抓不着痒处”的芝麻绿豆似的事儿以麻木自己，避免引发忧虑。

最希望能活出一个怎样的人生

6 号最希望能过上平稳安定的生活，有一群忠诚互信、支持自己的人在身边。在人生中，没有太多突发的事情发生，那便很满足了。

人生观

6 号觉得这个世界虽然看似很美好，但其实隐藏着很多危险。很多事情并非如外表那样简单，必须小心查找才能了解真相。此外，世事难料，谁也不知道将来会

发生什么事，美好的事物也不是永恒的，所以对人对事存有怀疑之心是必要的。通过提高警觉，才有足够的时间防患于未然。到危险临近时，也可保护自己及家人。如能够与信任的人相互照应，那就更加安全。

不自觉的深层恐惧及恶性循环

其实，6 号之所以那么谨慎，努力追求安全及自我保护，是因为以下的深层恐惧和恶性循环。

- 深层恐惧……

他害怕危险发生时，自己没有足够准备而变得无助，以及害怕单凭一己之力难以保护自己。

- 恶性循环……

6 号欠缺一份内在的安全感，他生怕自己做得不够或提防不足，让自己在危险或困境中失去保护。所以，6 号经常对身边的一切都提高警觉，微小变化也很容易

不自觉的恶性循环

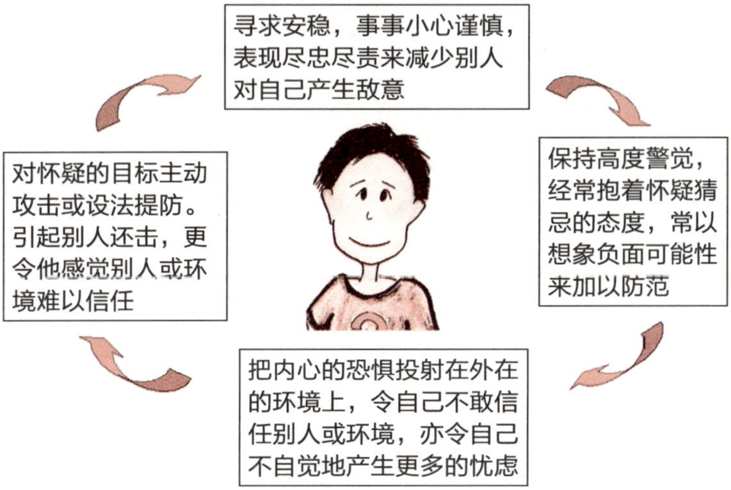

引起他的怀疑及恐惧。每当恐惧产生后，他就会不自觉地把它投射到四周的环境中，主观认定身边的环境不安全或别人有不良动机。为避免自己受到威胁，加倍提防甚至挑战别人。当然，别人对他处处提防及对抗的行为也会产生戒心。于是，6 号更加笃信自己当初怀疑别人的想法是正确的，也强化了他不信任别人的信念。他越这样想，就越感到不安和多疑，做事就越犹豫不决，越需要依赖别人的意见和引导，更不相信自己。这样，6 号的恶性循环就形成了。

● 反思的时候……

6 号的朋友，你有多久没有自由自在、无牵无挂地享受生命了？你有多久没有试过不再为将来可能发生的事情而忧虑不安？这样的生活，你不觉得有点儿累吗？

你是否回想过，很多你以往觉得存在的危险或威胁，其实只是你不自觉地放大了的小问题罢了。因诸多忧虑而放弃你自己的梦想，你真的能够甘心吗？

7号性格　追求开心体验的火麒麟

这种性格类型的人，乐观，热情，酷爱自由，渴求多种体验，要求选择丰富且颇具创意。

专注焦点

- 哪里有比现在更开心好玩的项目呢？
- 一会儿做什么好呢？
- 让我找点儿开心的事来做，好使我能尽快忘掉不开心的事吧！
- 我要想办法避开现在的困难和痛苦！

行为背后的动机

7 号自己讲自己

- **我性格乐观开朗，热情又好动，凡事都喜欢看好的一面。**我相信明天会更好，有什么不愉快的，最好的解决方法就是尽快忘记它。另外，我做决定也容易被想象中的美好结果所吸引；负面的因素我感受并不强烈，也较难被它影响。
- **社交方面很活跃，我朋友很多。我喜欢制造欢乐气氛娱人娱己。**我善于主动沟通，由于兴趣广泛，所以与人交谈有说不尽的话题。加上说话表情丰富，鬼主意又特别多，所以很多不同类型的人也喜欢与我交往。

- **我酷爱自由，最讨厌过被限制和束缚的生活。**我最怕受人约束和监督，就算实际上相安无事，但心理上也会觉得浑身不舒服。基于这个原因，我不轻易许下承诺，因为承诺代表“一定要做的事”，对我来说这是一种束缚和限制，因为没有其他选择的余地。
- **我比任何人都怕闷，沉闷的时候，我觉得生命像被扼杀而停顿了。**我会极不耐烦，觉得非常难受和痛苦，所以我经常把个人的时间表编排得密密麻麻，很少让自己

有停下来感觉沉闷的机会，我宁愿辛苦忙碌。

- **我渴求多元化、新奇、开心的体验，所以我参与过的活动特别多。**无论旅行、运动、音乐、计算机、乐器、绘画，任何时兴的玩意儿及兴趣课程，我都充满强烈的好奇心，未学过也大多尝试过，算是多才多艺。但因欠缺耐性，难以深入钻研，所以容易给人做事浮躁不塌实或难以成事的感觉。
- **我的喜好及需要有很多选择，经常会贪多，眼阔肚窄。**有的选择除了可以满足我喜好多的性格外，也可以让我在遇到不愉快的事情时，有其他选项代替。平时饮茶吃饭，我也会因贪试不同口味而点下超过自己限度的分量。逛街购物，看见款式多又漂亮，会忍不住全部买下来，很少考虑是否真正需要。

- **别人经常称赞我头脑灵活、富有创意及想象力。**我最擅长发掘不同的可能性，凑合不同的概念，然后创出新的理念来。在工作上，计划新主意的环节里，我贡献很多。
- **我习惯一心多用，同一时间处理多项事情。**无论正在做什么，大脑中总有无尽的其他鬼主意和念头想去做，有时让自己较难专心做事。例如在家，我经常会把电视机、计算机同时开着，但另一边自己又在打

电话、看杂志或做家务等。做完一样才开始其他的事情对我来说是很罕有的。有时活动太多，未必每项都能完成，容易给人虎头蛇尾的感觉。但由于计划多，我最终可完成的事情数量，却未必比别人少呢！

- 我经常有无穷无尽的精力。只要能点燃我的兴趣，无论是工作或玩乐，我都可以彻夜不眠。无论有多累，只要是有趣的活动，我都可以为此立即变得精神奕奕，不再感觉疲倦，这全因精神上对那美好体验拥有渴望。
- 我比别人懂得享受生命及怎样过多姿多彩的生活。我比较容易受外在世界的感官刺激及物质享受的吸引，所以在这方面的触觉特别敏锐，例如哪里有好东西吃、什么款式的计算机游戏最好玩、最流行的娱乐健身项目（SPA）在哪里等，我都了如指掌，但也容易沉迷或纵情于这些物质享乐上。
- 我做事重视享受过程多过注重是否要达成结果。通常当我开始做一件事时，我都是满腔热忱的，但倘若过程过分沉闷或困难重重，我未必会为了得到结果而继续下去，我会另觅其他代替的方法。
- 我为人率性自我，有时行为、说话也会过于冲动。我对人对事戒心都比较少，有时说话会口无遮拦而忘了顾及别人的感受。另外，也会因一时冲动，没想清楚后果便行动，只管想做便去做。一个下午“突然”很想养猫，便立即与好友飞车赶往爱护动物协会领养，幸得好友及时劝止，奉劝先买本“养猫须知”，看后再作决定，结果看罢及冷静过后便打消了念头。

- 我很懂得自圆其说，以合理化的理由来支持自己逃避问题。理由千百万个，创意层出不穷。有时这些借口纵使能成功说服别人，但自己内心也是知道在逃避，瞒

不过自己的。所以当明白自己又在逃避时，我有时也会变得严谨，强迫自己坚持下去。

- **我抗拒了解及接触人生悲苦残酷的一面。**所以，我有点抗拒收看一些江湖厮杀、残暴、变态的电影及新闻，很希望能够把人世间惨痛的一面盖上不看。我对痛苦很敏感，看伤心的电影及新闻，我会很容易哭，也害怕把自己困在那种不安的状态下。
- **虽然我是一个喜怒全写在脸上的人，但当我遇上真正忧伤的时候，我未必会表现出来。**尤其那是自己也想逃避的问题。一来自己习惯以开心乐天的样子示人，表现伤感会不太习惯；二来怕别人察觉，追问自己便更逃避不了。遇上真正的问题，我会把自己藏起来，或把自己弄得很忙碌而不去面对。幸好，我的自我复原能力是很强的。
- **一般的愤怒和不如意，我会找朋友尽情倾诉，更会不期然地把苦事包装成笑话。**笑罢自己便会轻松下来，所以郁结不会维持很久，也很少记仇。
- **我怕痛，所以在我的生命里，我会尽量不参与、经历或接触可能令我痛苦的事。**平时的我虽然爱冒险，但若要我面对自己内心的种种忧虑和恐惧，我却拿不出平时十分之一的勇气来，尤其是感情上的事，所以我不轻易全身心地投入或对人许下承诺，怕投入得越多，受伤的机会越大。
- **我最怕与没趣、怨天尤人、懦弱及畏首畏尾的人相处。**遇上时，我会变得很不耐烦及想方设法避开，免得被他们缠扰。当自己失意而变得那样没趣或被人认为那样懦弱时，我会感到自卑及讨厌自己。

最有魅力的时候

反应快，灵活，乐观开朗，能感染并令别人快乐，善于社交，创造力丰富，积极，善于表达，联想力强，效率高，热情，多才多艺，自我复原能力强，口才了得，很有自发性，富有冒险精神，对新事物接受能力很强。

最令人敬而远之的时候

缺乏耐性及恒心，专注力低，愚昧无知，虎头蛇尾，不可靠，样样贪多，不易满足，滑头，纵情物欲，霸道，虚荣，口无遮拦，自制力差，自我，无法安静下来。

说话上的沟通风格

- 节奏快，声音较大。
- 幽默、用词精辟。
- 说话不懂顾忌。较难集中心思专门讨论单一话题，容易扯到别处。
- 没有耐性仔细聆听。经常认为自己已猜想到对方要说什么而中断别人讲话。喜欢争抢发言，滔滔不绝。
- 会避免谈论伤痛、负面或引起矛盾冲突的话题，如需要的时候，会巧妙地包装、修饰后才说出来。

身体语言上的沟通风格

- 笑容满面及眼睛发亮。
- 有很多夸张的面部表情及手势。
- 很容易受外界环境的吸引导致分心，坐卧不安。
- 喜欢新奇有趣的衣服及佩戴饰物。

处于受压、紧张及有压迫感的情况下

受压时的转化

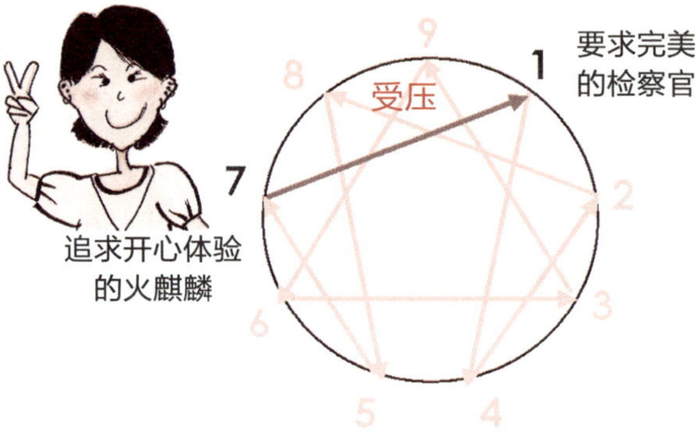

- 更突显 7 号本身的负面特质。
  - 更理性化地编出更多合理化原因来逃避问题。
  - 淡化问题的严重性及急切性，以享乐暂时逃避问题。
  - 让自己更忙碌而无暇去处理问题。
  - 着重计划却疏于行动。
- 转化呈现 1 号的正负面特质。

  强迫自己做正确的事，就算其中并没有太多的趣味性。
  - 凡事认真，守纪律及专注。
  - 对人对己要求甚高，显得好批判及挑剔。
  - 事情的公平、对错及原则均变得非常重要。
  - 将不能满足欲望所产生的愤怒转移发泄到别人身上，投诉及抱怨别人。
  - 变得严肃、低调，不苟言笑；带点儿情绪低落及悲观色彩。
  - 认真处事的动机是要确保完成应该做的事情后，可以毫无牵挂地开展另一项新计划。

处于轻松自在、安全及可信赖的环境下

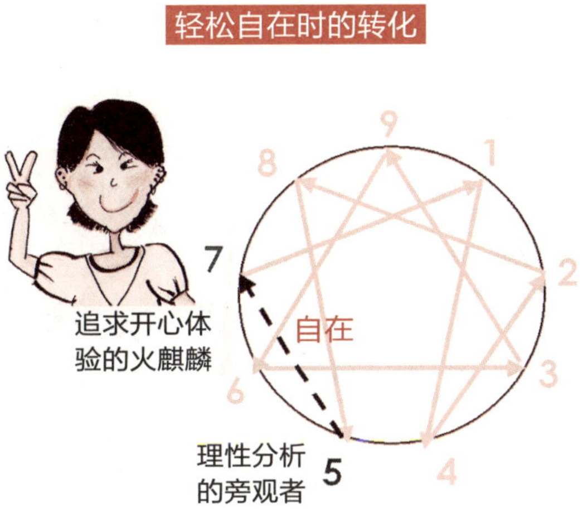

- 更突显 7 号本身的正面特质。
  - 接受生命包括欢乐和痛苦的现实。认同经历痛苦的经验是成长的锻炼，借此将来可以获得更大的快乐。
  - 不再逃避面对负面情绪，坦然表达忧伤及恐惧等。
- 转化呈现 5 号的正负面特质。
  - 活在当下，深入体验，做好手上的工作才开展新的项目。
  - 开始向内探求灵性的平安喜乐。
  - 踏实专注，细心观察及分析事情，直至真正全面了解事情才行动，不再因心急而草率地作出反应。
  - 避开人群，以享受宁静悠然的时刻，但有时会脱离现实。
  - 可能会更贪婪地渴望积累更多经验或搜集更多物品。
  - 背后动机仍然是希望寻求开心的体验，如果过程非常刻板沉闷，他还会再次活跃起来。

最希望能活出一个怎样的人生

7 号最希望能开心快乐、自由自在地过日子，经历一个多姿多彩的人生。

人生观

7 号觉得这个世界多姿多彩，充满无尽的可能性。若他可以拥有更多的机会去探求世界的精彩之处，去拓宽个人视野，他相信自己的生命必会过得更快乐及丰盛，也不会再有烦恼和痛苦。因为他认为做人最大的痛苦就是丧失了选择的权利，受到约束或过着刻板的生活，难受也不能逃脱，这样的生活，他觉得比死更难受。

不自觉的深层恐惧及恶性循环

其实，7 号之所以不断地为自己寻求开心体验，是因为以下的深层恐惧和恶性循环。

- 深层恐惧……

他害怕一旦陷入痛苦中，自己既不能逃脱或避开，也无法面对和应付。

- 恶性循环……

所以 7 号很害怕静下来，因为他很怕面对内心深处涌现出来的各种深层忧虑和恐惧。为了逃避这种可怕的感觉，他唯有不断地寻找外在的可以令自己兴奋的刺激，来分散自己的注意力，让自己没有机会重归内心深处去面对痛苦。他的潜意识会把注意力放在丰富虚拟的幻想世界里，以无穷的想象力创造欢乐。为了说服自己这种逃避的行为是正确的，他会以各种合理化的理由来解说和逃避。越能说服自己，便越能理直气壮地逃避及寻找更多的开心体验。他认为拥有及经历更多，便可以获得更多的快乐。为了确保快乐之后不至落空，他会在这一刻正忙着一件事时，便已忙于计划下一刻做什么，因此纵使活动丰富，也很少能活在当下，真正“享受”及“深化体会”各种经验。所以，活动过后的满足感及快乐也只能是浅薄而短暂的，无法领略其最大的乐趣。结果，因为还没有完全满足，所以唯有再次推动自己再计划及寻觅更多、更丰富的活动，来填补内心的空虚。无奈他最需要得到的满足和快乐并非这些片面的开心情绪，而是他需要勇敢穿越痛苦或艰难后得到的喜悦。不能意识到这一点，无论 7 号怎样寻找，结果也是一样的。就是这样的重复，形成了 7 号的恶性循环。

不自觉的恶性循环

● 反思的时候……

7 号的朋友，难道生命真的越忙就越充实吗？你为什么而忙呢？你是真的十分享受，还是让自己没有空闲的时间去面对问题呢？你究竟还想逃避自己的问题多久呢？说真的，你又可以逃到哪里去呢？

8 号性格　有胆识的义气大佬

这种性格类型的人，刚强果断，有胆识，重义气，不拘小节及富有领导才能。

专注焦点

- 这一切是否在我的控制范围内?
- 我及身边的人是否会遭受不公平对待?
- 这里最有权威的人是谁呢?

行为背后的动机

8号自己讲自己

- **我一向独立果断，凡事敢作敢为，有很强的拼搏及冒险精神。**我天不怕、地不怕，为了争取自己想要的，我会坚持到底，就算孤注一掷，也会放手一搏。要是得不到自己想要的，我宁愿一无所有，也不愿退而求其次。我从来都不会向生活中的困难和挑战低头，我天生永不言败，遇上挑战也只会叫我越战越勇。我顽强的斗志也代表我对自己实力的信心，我相信凭我的胆识及能力可以战胜一切！
- **我为人率直，做事说话一向都是直截了当，绝不会兜圈子或矫揉造作。**我觉得一就是一，二就是二，何必有诸多顾虑或拖泥带水。我做事爽快，决定了便

火速行动。我说话也是有话直说，很少事先细心考虑别人接受与否或刻意包装，我说的也尽是事实，但有时别人因此批评我自大、嚣张或具有攻击性。

- **我敢于表达自己，不惧公开表示愤怒及面对冲突。**对我来说，宣泄愤怒是代表我在毫无保留地表达自己的真情，是沟通及增加了解的方法。这样把冲突直接化解掉，我会轻松得多并忘记误会，重新将焦点放在其他事情上。
- **我对事物的看法，一向都很宏观及全面。**我考虑的是大方向和大策略，我会顾全大局，把目光放在一些较长远的目标上，但有时会因此忽略了细节及别人的感受。
- **我是大事清楚，小事糊涂的人。**虽然我做起大事来是很独立和能干的，但不太善于处理一些生活琐事。事实上，我根本不会花时间在那些地方。例如，怎样有条理地处理自己的账单或放置物品，怎样小心保管钥匙或手提电话等，这些事我大多都是粗心大意的，因为我只把专注力放在做大事上。
- **我天生富有正义感。遇上别人受到欺负或事情欠缺公允，我一定会出面主持公道，为别人或自己讨回公道。**当然，我也会尽量控制自己，避免太过冲动。但如果你不知好歹，还踩到我的头上来，我必定以牙还牙，好让他们领教我的本领及能力。

- **我一向很重情义，无论是我的亲人或朋友，当他们有困难时，我都会竭力保护他们，为他们遮风挡雨、赴汤蹈火。**我做人的宗旨是“你敬我一尺，我敬你一丈”，你对我好，我会加倍对你好。另外，我也本着“宁天下人负我，我不负天下人”的格言做人。既然我把你当作自己人，就一定对你肝胆相照。我对别人的照顾也不是只挂在嘴边，而是有实际行动的。
- **我为人豪爽，不拘小节，对待亲友下属，从不计较和吝啬。**我喜欢把我最好的东西拿出来与大家分享，请客或送礼都十分豪气阔绰，喜欢有福同享。

- **我很少表现我的感性及柔情，但并不代表我没有感性柔情的一面。**老实说，我每天都忙得要死，又要冲锋陷阵办大事，哪有时间慢慢展露感性的一面或对你柔情万缕！而且感性柔情也不太切合我的形象，所以除了没有太多合适的机会让我表现外，我也不太习惯。
- **我的领导及组织能力很强，在不同的位置及角色里，我都被人视为领袖。**很多时候，别人会尊称我为大哥 / 大姐，并以我为首。但凡他们有什么重大决定或麻烦，也会喜欢听取我的意见或让我替他们出头。

- **我很有自己的主见，最不喜欢别人向我发号施令。**就算是我的上司也不例外。对我来说，这代表不尊重和不信任我。我觉得既然你已把工作交给我，就该由我负责及办理，完成了我自会让你知道。倘若你要左右我的做法，倒不如你自己拿回去做好了。
- **我做事很有自己的规则和标准，在我的势力范围内，每个人都必须遵守并实行它。**可是，有时我自己也会犯规。但没关系，我懂得如何去控制及调节情况。别人可不能越轨，影响我的原则。

- **有时候，我对人的关心会被误解为专制、霸道。**我对人如对己，觉得没有问题或喜欢的，觉得别人也应该与自己的感受一样。可是，当我热切地把觉得好的东西提供给别人使用时，有时他们却说我过分专横，硬把一些不合适的东西强加给他们，或不理会他们的感受及需要。那时候，我就会感到莫名其妙或气愤，觉得他们真的不识好歹。
- **在生活方面，我很容易不自觉地放纵自己及有过量的倾向。**例如不懂节制饮食、忘我地消遣娱乐、疯狂地夜以继日地工作等。这是因为我被当时过于实在的经验所吸引而不懂节制，所以往往要到造成伤害才懂得停止，例如身体出现毛病、工作受影响等。另一方面，我也想借此证明自己有能力这样做（俗语意思是“吃得起”“玩得起”“做得来”）。
- **我经常会不自觉地以“否定”别人所讲和所做的事，或“否定”自己的软弱来增强自己的威权。**我发觉自己原来不自觉地很喜欢以高人一等的态度，说某一类口头禅来消解对方的锐气，如“当然不是啦！其实是……”“我不同意呢！其实应该……”“我知道呀！是……嘛”“我没事”。但细心咀嚼，要说的话可能和别人说的一样，其实背后只是想压倒别人，想表示“我对所有事也了如指掌”或“比别人更懂得怎样做”“用不着别人来告诉我”“我应付得绰绰有余”的意思！对于自己软弱时的感受和需要，我也会加以否定，我在内心会对自己说：“我那么强，我才不会感到无助、孤单、疲累。我也不需要别人帮忙！我自己也能应付得了！”

- **我很欣赏、敬重那些敢于站出来为自己立场抗争及坚持的人。**正所谓“识英雄，重英雄”，就算大家曾是敌对或有过争执，我也会欣赏他的坚持和勇敢。
- **我最厌恶那些软弱无能、永远迷迷糊糊、不清楚自己想要什么，以及只懂得奉承及行为不够光明磊落的人。**前一类人，就算他们没有犯错，我也会不受控制地对他们凶巴巴或失去耐性。至于后者，我不会放过那些在我背后暗里搞小动作、想

占我便宜或利用我的人。

- 虽然我看似野心很大，但其实我内心真正要求的东西十分简单，我只求能有“自主及控制自己生命”的能力。我做人的目标并不是要胜过或击败所有人，而是想证明自己并不比别人差，或是防范别人来攻击自己，所以要先发制人。我想证明给别人看我是有能力的，别人能做到的我也能做到，甚至可能做得比他们更好。
- 我偶尔在独个儿的时候，也会感到疲累及孤独。有时候冲得太久了，独个儿也会感到有点孤寂，想有人关怀自己或替我分担部分责任。不过，为了不让别人知道我的软弱，我会立即告诉自己要振作起来，无论怎样也要扛下去。这些感受我很少和别人分享。

最有魅力的时候

独立果断，行动力强，有胆识，敢于冒险，有宏大的志向，富有谋略，是真正做大事的人，做事直截了当，绝不拖泥带水，天生的领导者，重义气，富有正义感及责任感，对人慷慨，不拘小节。

最令人敬而远之的时候

欠缺自制力，喜欢对抗，爱命令别人，霸道专横，太自我中心及忽略别人的感受，记仇及报复心重，说话太直接而伤害或得罪了别人也不自知，太主观，不尊重别人，嚣张及自以为是，具有攻击性及挑衅性，不给别人机会发言。

说话上的沟通风格

- 声音洪亮，讲话节奏明快。

- 语调很权威，就算请求别人帮忙，也好像命令般地硬梆梆。
- 需要别人很留心及尊重地听他说话，却只选择性地聆听别人的意见。
- 喜欢讨论比较宏观及策略上的话题，对细枝末节不感兴趣，没有耐性。
- 说话直来直去，言词毫不修饰，立场鲜明，绝不模棱两可。
- 不忌讳粗言秽语，对别人的感受不太敏感。有冲突时，会咬着不放，冲动地跟别人直接对抗。
- 别人责备或认为他做错时，他会反应很大及加以否认，不轻易承认错误。

身体语言上的沟通风格

- 就算沉默地坐着，也会散发出一股霸气，像是说："我在静观你们这些人。是好是坏，我心中有数。稍后，我或许会给你们一点意见作为指导。"
- 站或坐的姿势也会倾向往后靠，似在等候你前来向他问好或请示的模样。
- 静下来时，可以没有任何动作。但当情绪高涨时，动作会很大。

处于受压、紧张及有压迫感的情况下

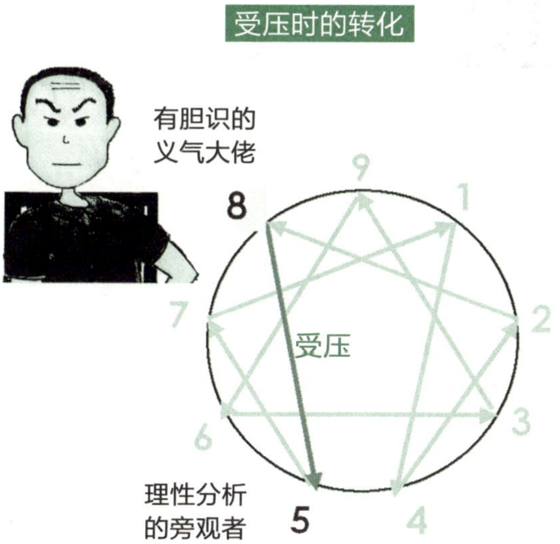

- 更突显 8 号本身的负面特质。
  - 更加爱操控、专横及脾气暴躁。
  - 企图以展示自己的力量来遮掩内心的无助感，借以获得安全感。
- 转化呈现 5 号的正负面特质。
  - 骤然收起一贯“由我做主，一切需要听命于我”的强人本色，会变得沉默或退缩到自己的私人空间里独自重新思考。
  - 变得更深谋远虑，收起鲁莽及冲动的本色，转而搜集资料，周详冷静地分析及计划对策，伺机再度出击，挽回失地。
  - 情况严重时，会变得自我封闭，对自己过去很强的直觉失去信心，不敢出击或行动，埋怨别人甚至企图报复别人。

处于轻松自在、安全及可信赖的环境下

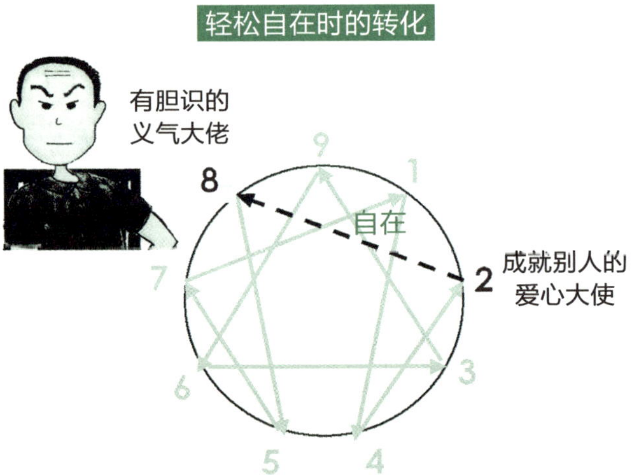

- 更突显 8 号本身的正面特质。
  - 愿意放下盔甲，与别人建立互相信任的关系，也能更多地接触自己内在的真正感受，容许别人来支持及帮助自己。
  - 尊重别人的立场，不再只管挑战及控制别人。

— 接纳宇宙自有更大的力量来平衡这个世界的公平正义，不再事事以自己的方法行事及控制一切。

- 转化呈现 2 号的正负面特质。
  — 扩展了对人对己的宽大及慈悲心。
  — 对别人的需要及感受开始变得比较敏感。
  — 能够接纳自己感性的一面及它可能产生的力量。
  — 与人建立紧密的关系，想借此操控别人，让别人倚靠自己及为己服务。
  — 过度敏感及过分防备批评或攻击。

最希望能活出一个怎样的人生

8 号最希望在生命中能够拥有完全掌控自己生命的能力及力量，让自己以及想照管的人能独立自主地过活。

人生观

8 号觉得这个世界是非常现实的，他奉行的法则是汰弱留强而非公平正义，一切都是强者当道。他认为有权势者，别人会尊敬及不敢越雷池半步；失势或软弱的人，除了会受人凌辱或剥夺利益外，更会受制于人。所以，为了掌控自己的生命，8 号永远都会以强人的姿态出现，绝不把自己半点的软弱展露于人前。他也会以对抗和征服别人来保护自己。此外，他也相信凡事都要靠自己，要用自己的方法去争取所需，这样才能维护公平正义。

不自觉的深层恐惧及恶性循环

其实，8 号之所以要不断向外展示他强势有力的一面，是因为以下的深层恐惧和恶性循环。

● 深层恐惧……

他害怕自己一旦变得软弱无能，便会受人欺负和摆布，不能再掌管及控制自己的生命。

● 恶性循环……

基于以上的担忧，8 号因此相信必须要时刻保持强者的面貌，并认为对抗和征服别人，才能控制身边的一切。可是，当他控制一切时，也开始对权势力量产生越来越大的欲望，容易沉迷在那些实实在在的经验中，更难听信别人。另外，为了宣示自己的实力比别人强，他也爱以否定别人的方式来削弱别人的力量，对一切伤害或攻击他的人进行报复。可是，这种对别人有侵略和威胁性的态度与作风，会激起对方的反抗和还击，结果再度挑起 8 号“人善被人欺”的信念，触发他要对抗及控制一切的心态，更加不容许自己软弱，令人有机会乘虚而入。但这样的反应只会增加与人冲突的可能性，让自己更不可能享受平静的生活。这样，就形成了 8 号的恶性循环。

不自觉的恶性循环

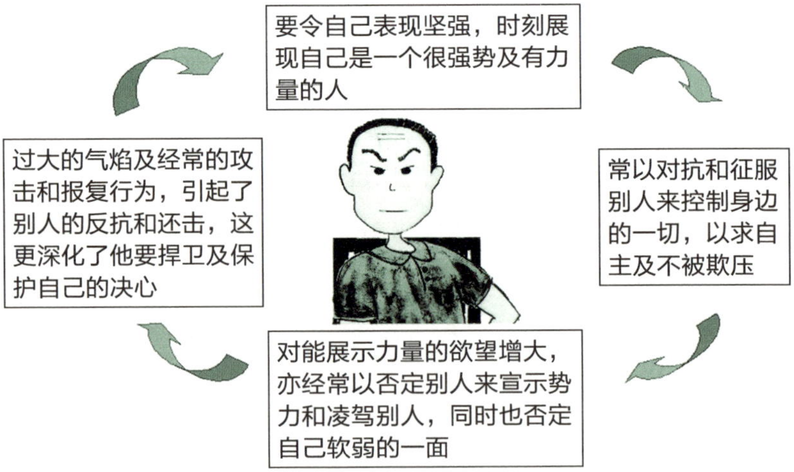

- 反思的时候……

8 号的朋友，你一直以来的作战令你身心疲累吗？你是否想过放下盔甲，离开这个你自己虚拟的战场，重新再过些平淡简单的生活呢？

9 号性格　与世无争的和谐追寻者

这种性格类型的人，温厚和善，有耐性，平和舒泰，乐于包容及懂得养生之道。

专注焦点

- 这里人与人之间的关系和谐吗？
- 我怎样可以继续舒适下去呢？

行为背后的动机

9号自己讲自己

- 我性格随和，与世无争，对人态度温和又有耐性，所以经常被人称赞脾气好。老实说，很多时候无论别人怎样刺激我，我也不轻易发怒。我的心境通常都很平静，不易受外界干扰。但偶尔（很久才一次）也会忽然发很大的脾气，像火山突然爆发一样。
- 我最怕面对的是冲突。别说自己是当事人，就算遇上别人之间起争执，我也会感到浑身不舒服。那个时候，我会设法离开或让大脑想别的事情使自己镇静下来。通常那一刻我脑中会变得一片空白，只看到他们的嘴巴在动，却听不到他们争论的内容。

- 我不爱与人竞争，觉得凡事应以和为贵，能退让一点便退让吧！所以，我很能迁就及顺从别人。和朋友逛街吃饭，通常做什么或吃什么，我也没有太多意见，随便由他们决定好了，反正我也没有主意。我唯一的要求就是不要太劳累，最好可

以悠闲舒适一点。

- 我很容易融入团队当中，也较易被同化影响。虽然我不一定会因此改变价值观，但表面如举止或习惯等容易被同化。
- 我的形象并不突出，在一大群人当中，通常别人不会留意到我的存在。我也有意无意地令别人不会注意到我，我怕成为焦点。当别人特别关注我的需要或为我做一些事情时，我反而会觉得浑身不自在。我心底里会因麻烦别人而感到不安。和别人相处我喜欢平起平坐。
- 我最渴望能够和别人和谐融洽地相处在一起。和谐的人际关系可以令我保持心境平静。

- **我不擅辞令，尤其是提出反对别人的意见时。有时候就算是勇敢地提出了反对意见，别人也未必注意到。**为避免破坏和谐，我不敢太过直接。例如，我会和蔼地说：“我们不是说好要做这件事吗？现在改变了吗?”“这样做是否真的好呢?”但别人经常给我的反馈是没有留意到我有反对的意思，我对此也感到很奇怪。在我的角度，我觉得已经说得很明白了。此时，我通常会这样安慰自己：“算了吧！……下次也不要说了……其实也无所谓了……大家高兴我也高兴的……”
- **我较难对事情有一个绝对的立场，有时会显得欠缺主见及决断力。**因为我对每个不同角度的立场都会有共鸣，觉得也很有道理，所以很难下决定。
- **我做人要求非常简单，我没有什么欲望，懒洋洋的生活似乎最适合我。**你要是能给我一个简单舒适的环境，让我躺下来，我可以一整天半睡半醒地看电视、吃东西、睡觉等，就这么百无聊赖地过日子，我已感到很满足，也不会觉得无聊。我只想经常这样保持心境平和。

- **我经常需要比别人有更多的休息时间来平衡繁忙的生活。**我的能量并不高，没有非常充足的睡眠，我会变得精神散漫。
- **我做事偏好慢条斯理，相信“长命功夫长命做”。**觉得做不完便先休息，明天再做。遇到问题，我也未必会立即解决，我通常会让它顺其自然地发展，正所谓“船到桥头自然直”。不去多想，我便不会心烦意乱，也可以继续维持心境平和。其实，我也自知相比别人缺少行动力及不善于抓紧时间，所以偶尔我会因此错过了一些

重要的限期或错失了一些机会。有时，如果没有清楚的指示或清晰的时间表作指引，我可能什么也做不成。

- **我非常依赖别人，因为我通常会懒得去做主和冒险。**别人说好，我便跟着去做。如果其决定证实是错的，作决定的人自然会主动承担责任，那么我要面对的压力和冲突自然也就少了。到有什么需要我做的时候，我再行动吧！
- **很少会主动为自己争取什么。老实说，我没有认真想过自己真正想要的是什么。**我觉得当自己有太多欲望或主见时，会容易与人产生摩擦，破坏和谐的关系，所以还是不要太过突出自己及追求什么，这样日子会过得舒服一点儿。
- **虽然我很怕拒绝别人，向别人说“不”，但我不反对不一定就代表同意。有时候，其实我也是十分顽固的。**有时，当别人要求我做一些我不太情愿或与自己的观念相矛盾的事情时，虽然我不会提出反对，但我会不置可否而阳奉阴违，我会以消极的对抗方法去回应。对某些事情的立场我会很坚定和显得顽固，你越是想逼我或控制我去改变，我便越不行动。我很难妥协，只会拖延行动，甚至不自觉地遗忘了要去做。
- **我并不是完全不会激动，只是不太懂得表达出来，尤其是愤怒。**当我愤怒时，脑子里通常一片混乱，只感到身体内的愤怒在上升，具体情形十分模糊，可能只记得一两句别人说的话或某个难看的表情，其他细节都一片空白。此外，我也不善于表达伤感或不开心的情绪，我总是说不出重点，或不能表达强烈感受的十分之一。所以，别人很难理解我真正的感受。
- **我有很强的习惯性，就算作出改变会对自己更好，我也未必会改。**对自己舒服惯了的东西，我不会轻易作出改变。改变会干扰我原来的平静，令我感到不安或觉得受到骚扰。

- **我为人敦厚诚实，很少会撒谎。**对人不诚实，会令我内心的和谐失衡。此外，我也怕忘记自己先前说过什么。
- **我很有同理心，善于代入不同人的立场，体验别人的感受。所以，很多人喜欢找我诉苦或调解纠纷。**我看事情比较中立，不会武断，所以善于引导别人以另一个角度去了解别人的难处或处境，有助于减少误会及增加彼此的了解。

最有魅力的时候

态度温和，善良亲切，很会迁就及配合他人，善于支持、接纳及包容他人，有耐性，为人平和乐观，从不偏激，与世无争。

最令人敬而远之的时候

顽固，懒散，过于被动，欠缺朝气和活力，没有主见，过分依赖，缺乏清晰的人生方向，不愿成长及发挥自己的潜力，做事不能全力以赴，沉闷单调，迂腐传统，拙于表达自我，拖拉散漫，缺乏效率，无动于衷及情感麻木。

说话上的沟通风格

- 说话声调温和、平静。
- 描述开心的事时有很多笑声，但描述负面的事如伤痛、震惊或气愤等时，会异常平静，显得情绪上与所说的事实有点儿距离，一点也不能感受他的激动。
- 立场大多中立，有时会模棱两可，很难知道他真正的取向。
- 不喜欢正面拒绝人或说“不”。就算反对，也只会以很间接及含糊的方法说出，令别人容易忽略他的意见。
- 说话不会按事情的重要性进行区分，令听的人容易失去焦点及耐性。

身体语言上的沟通风格

- 坐下来时，很容易与环境混在一起，好像已经融化在环境里一样，显得很自在，不想再动的样子，只想维持静态的姿势。
- 经常保持微笑及轻轻点头，但这只表示他正在听，不代表他同意你的内容。
- 当不同意时，他的笑容会稍为减少，虽然仍然会点头，但会显得较慢及没有那么频繁，更少发言。

处于受压、紧张及有压迫感的情况下

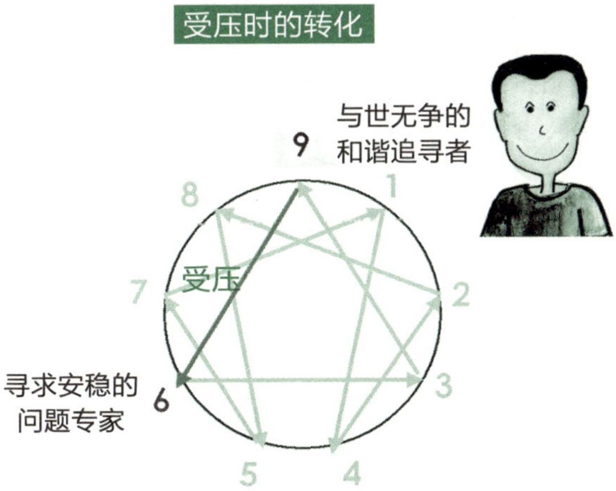

- 更突显 9 号本身的负面特质。
- 表面看似平静，但内心却在翻腾，一片空白，不知如何行动。
- 更呈自我放弃的状态，觉得做什么也不会有结果，所以更不去行动。
- 更逃避冲突及自我退缩，精神恍惚，发呆或只管睡觉。
- 对别人的要求更阳奉阴违或拖延，只在琐事或事情的表面上花时间，而把最重要紧急的部分拖至最后才做。
- 转化呈现 6 号的正负面特质。
- 把久被压抑的焦虑爆发出来，变得怀疑自己和别人，反应过敏。
- 寻求依赖及帮助，不再放松自在，会过分关注规矩及责任等问题。
- 焦虑令他变得留意当下的处境，变得更具警惕性及实事求是。
- 或会对人显得更忠诚。

处于轻松自在、安全及可信赖的环境下

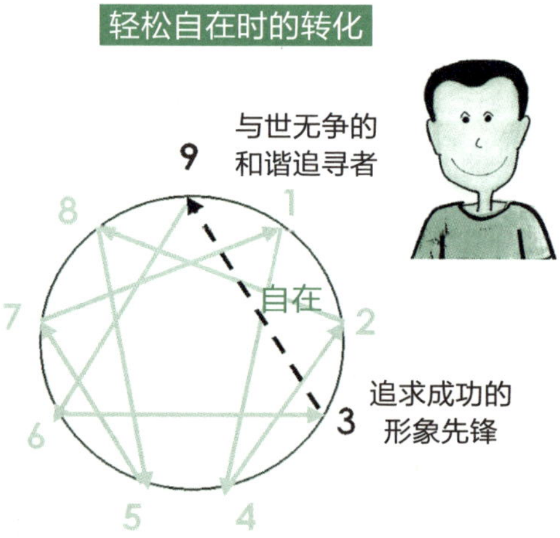

- 更突显 9 号本身的正面特质。
- 与内在的自己联系，感受自己的重要性，清楚认识自己的需要及感受。
- 把自己压抑的愤怒转化为动力，积极地为自己做点事。

- 转化呈现 3 号的正负面特质。
- 具有目标方向，做事富有效率，不再需要外在压力的推动。
- 有系统性和组织能力，态度积极。
- 信任自己的能力，想为世界做点有建设性的工作，动机是出于热忱。
- 有时会因过度忙碌而再次忽略、忘记自己。
- 有时承担过量工作，但并不是要为对自己有意义的目标而做，只为避免无所事事及获取别人的尊重。

最希望能活出一个怎样的人生

9 号最希望能拥有一个平静、和谐、简单及舒适的人生。

人生观

9 号觉得要从这个浩瀚的世界里得到生命的归属感，获得内心的真正平和，必须与所有人建立和谐的人际关系。因此，他学会忘记自己的需要而迁就迎合他人，这样便能避免与人产生纷争和冲突，与大家继续维持融洽的关系。他相信只有当身边的人感到满足时，他才可以继续安然地享受平和的心境。

不自觉的深层恐惧及恶性循环

其实，9 号之所以经常遗忘自己的需要去迎合别人，是因为以下的深层恐惧和恶性循环。

- 深层恐惧……

他害怕自己与人共融的联系会被扼杀，从此被人遗忘忽略，最终落得孤单收场。

● 恶性循环……

9 号生怕当自己关注及争取自己的需要时，会因有竞争性而与人产生冲突，最后遭人厌弃而被孤立或遗忘在外面的世界里。由于他一直觉得自己在别人眼中是不重要的，所以即使他有需要，也不会受到别人重视，争取也只会徒劳无功，不如妥协了事。此外，习惯了迎合别人也令他开始懒于留意自己及积极改善自己，态度也逐步趋向被动和得过且过，缺乏行动力。同样，当别人觉得他没有要求或主见时，也会渐渐疏于关注他的需要。这更增强了 9 号觉得别人不重视自己、自己是不重要和可有可无的信念。结果他唯有更加麻木自己的感觉，让自己不会因被别人忽略而感到受伤害。没有感觉和需要会更加可以迁就和迎合别人。这样，就形成了 9 号的恶性循环。

不自觉的恶性循环

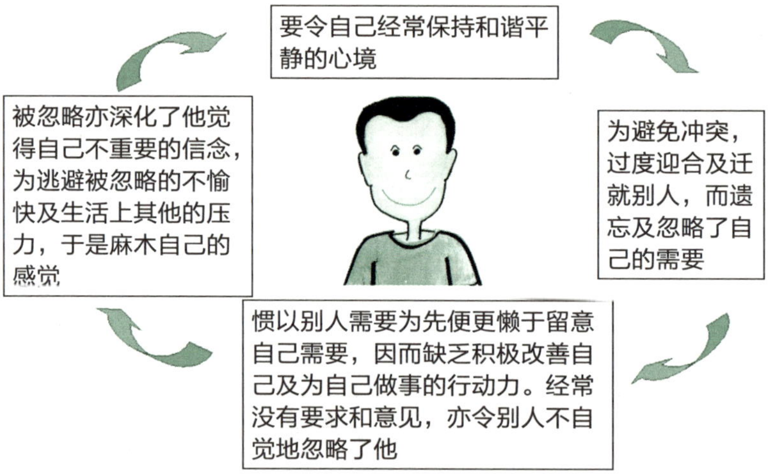

● 反思的时候……

9 号的朋友，你一直以来感受到的平和、宁静的心境是真实的吗？还是只是用来麻木你内心恐惧的假象呢？

第三章

各种性格类型的成长策略

1 号性格　要求完美的检察官

1 号的困扰

- 不断地自我批判，令自己失去自信心。
- 在不停地要求自己改进的路途上，因给予自己太大的压力而感到乏力和孤独。
- 担心出错而削弱了行动的力量。
- 过分执着结果是否完美。就算出错的概率只有 1% 或更少，也被那一丁点的不完美吸引过去，而否定或忽视自己或别人付出的其余 99% 的努力，以及创造出的美满成果。

- 因经常按捺不住批评别人而破坏了与别人之间的和谐关系。

性格习性令 1 号可能错失的东西

首先，我有一个故事想与 1 号的朋友分享……

有一个人，他一生都不断在努力，要求自己在各方面都要做到最好。可是，每当他完成工作回家时，他的亲人不但从不给予赞赏和肯定，甚至连半点儿安慰的话也没有，只管批评他哪里做得不够好，埋怨他未尽全力。这个人没有因此而放弃，他再加倍努力，但他的亲人仍然十分挑剔，只管在鸡蛋里挑骨头。久而久之，这个人变得筋疲力尽。但他的亲人还继续逼他爬起来工作，不准他休息松懈。他这些亲人是否太过分和冷酷无情呢？我相信你不会这样对待一个如此尽心尽力的家人或朋友吧！但 1 号的朋友，你不是正在这样对待最亲的自己吗？你对自己过分严谨和批判的态度，令你错失了不少东西。

你可能错失了……

- ……很多可以轻松愉快地享受人生的机会，如以轻松愉快的心情度过每一天。
- ……多做一些自己喜欢和想做的事（而不是只做应该做的事）。
- ……百分之百投入享受做任何事的过程。
- ……率性地跟随自己的感觉表达自己，与人无牵无挂地沟通。

要突破的最高情操

“能力会在查找错误中凋谢，却能在鼓励中盛开。”

——唐纳德 · A. 莱尔德（Donald A.Laird）

- **从生命的经历中，学习体会人生追求的是“完整”而非“完美”。**当你能真正地包容及接纳那个不完美的部分时，你才能进入那“完整及圆满的生命”状态中，明白人生的目的是追求“完整”而非“完美”，这才是生命本来的真相。在人生里，如果你只为追求每件事的完美结果，你就会有更多的执着和束缚，那么你就越难体验心灵层面的完整及圆满境界了。
- **享受和谐心灵中的那片“宁静”。**当你能全然“接纳生命本如是”的时候，你对所有的经验便不再执着于判断它是“好坏”“对错”“是非”和“优劣”了，你也不会因此产生会绊倒你的情绪，如愤怒及怨恨，所以也不再需要抑制什么了。取而代之，体验到的是喜悦地接纳原本面目的自己，以平常心包容生命的全部，宁静而积极地去经历整个生命的过程。

1号的自我成长方向

- 学习接纳及融和自己的“阴暗面”，做一个“完整”的人，而非做一个“完美”的圣人。
- 学习改变“非黑即白”的两极思维，接纳凡事都如色谱那般，在黑白中间也有很多灰色地带。
- 学习欣赏差异，差异并非一定是错误或有缺陷的。接纳多角度的观点及有弹性地处理事情的方法。放下主观，退后一步，以客观的角度去理解事情。
- 把焦点扩大，除了留意错误外，同时也留意自己和别人做得优秀的部分，多欣赏及嘉许自己和别人。
- 把错失看成一个中立的回应，也是一个令自己进步的机会。学习包容、原谅自己及别人，接受任何人都有软弱及犯错的时候。
- 倘若自己或别人未能达到定下的要求，尝试客观分析是否自己当初定下的期望过高。
- 多感受别人的情感，在与人的关系上多加一点“情”，不要过分执着和执拗，正所谓“法律不外乎人情”。多发挥一点你的慈悲心和人情味，也多培养一些你的幽默感，轻松放下过分的执着。

- 多表达内心的感受，释放自己的负面情绪，尤其是愤怒、怨恨等。
- 留意是否经常忽略了自己或没有好好地善待自己。当在憎恨别人破坏规则时，要留意自己心底里是否也有“想这样做”的期望，有的话便冷静下来，纾缓自己对别人的憎恨，然后再感受及了解自己忽略了的需要。
- 除了做应该做的事外，也要细想自己真正喜欢做的是什么。明白安排玩乐让自己轻松下来也是人生重要的一部分，也是“应该”的一部分。只要不伤及他人，满足一下自己又何妨？你是绝对值得拥有的。

- **培养自己的幽默感**，多看一些搞笑的电影、漫画或电视节目。尽情开怀大笑，抛开自己过多的对错禁忌。
- **培养一些自己喜欢而又轻松的个人兴趣来消除压力**，例如瑜伽、球类运动、跳舞、听音乐、园艺、烹饪、唱歌、玩游戏机等。最重要是自己喜欢和热爱。
- **改变自己不自觉的口头语来调整自己的心态**，不再说“我应该……”，而是说“我想……”。例如，不再说“我今天应该打扮得漂亮一点儿”，而是对自己说“我今天想打扮漂亮一点儿”，心态马上也能轻松和开心些呢！

2 号性格　成就别人的爱心大使

2 号的困扰

- 情绪被别人的喜恶牵着走。别人认同、感激自己，便感到快乐；别人不领情，就什么也没有了。
- 太感情用事地把别人的事情扛在自己身上，忽略了去审视自己能够负担的能力，结果越帮越忙或给自己添了不少麻烦。
- 过度迎合别人而失去了自己的特性，迷失自己。

性格习性令 2 号可能错失的东西

你可能错失了……

- ……让别人与你真正心连心，分享你的一切快乐和忧伤，达到彼此包容、互相接纳、坦然相处的经验。
- ……去实现属于自己的梦想。你一生只为别人的理想努力，却放下了自己有可能成就的梦想。
- ……好好地发展你的才华。今天的你可能不觉得是回事，但他日当大家都振翅高飞向前迈进时，跟在后面不能共同前进的你，可能会感到寂寞和后悔。

要突破的最高情操

"服务别人是美德，但只有当我们是全心全意，以一颗喜乐的心付出时。"

——赛珍珠（Pearl S.Buck）

- 学习重新拥抱那份能"自由付出及接受爱的能力"。2 号朋友不喜欢接受是因为不想承认自己也有缺少，接受了便等同承认自己的不足。要学习把一向只会向外看的注意力重新指向自己，像照顾别人那样去关怀及支持自己，接受一个真正的“我”，无论是好是坏，都去学习接受它。先爱一个全然的自己。当真正接受、爱及懂得欣赏自己时，就不会再需要靠付出来博取别人的认同，不再需要依赖他人来肯定自己的价值。此后，便可以真正无条件地去爱别人及为他人付出，不再期望回报。另外，也能坦然接受别人的付出，真正享受“施与受”的自由。

- **需要学习“谦卑”，接受自己也是一个平凡人的观念，自己并没有比他人优越的地方。**你看不见自己的需要及困难，是因为你经常都把自己忙得死去活来，不去留意自己，不给别人机会让人们去看到它。当你能真正坦然安静地向内面对自己时，你会看到自己与别人一样，也有情感需要，也有个人欲望。与人相比，大家无高无低，一律平等。

2 号的自我成长方向

- **让自己有独处的机会，纯粹为自己做点儿事或独个儿做一些活动，让自己有机会和自己沟通，聆听一下内心深处的声音和真正的需要。**适应一下做回自己的滋味，不再凡事迎合别人。例如，每星期抽一些时间给自己做一个香熏浴，做做 SPA、按摩等。也可以选择独自散步、静坐默想、听音乐等。

- **留意自己是否在压抑自己的需要，只以别人的需要为先。**当别人不知道感激自己的付出，自己为此感到愤怒及歇斯底里时，提醒自己是否只专注博取别人认同而压抑了自己的需要。另外，也可以通过每天写日记来观察自己是否有这样的倾向。
- **学会等待别人提出要求才提供帮忙。**尽力避免在别人未开口提出要求时便先自

动地出手帮忙。这样做其实一点也不过分，要知道，别人也可能不想他人帮忙呢！

- 重视自己的价值，发展自己的兴趣与才华，发展自己。
- 学习诚实地向别人表达你所想的，若不想答允别人的请求，要学习说“不”。
- 学习表达负面感受，包括伤心和愤怒，让别人有机会了解你及与你一起分担喜与悲。若他们是你的好朋友，这样做反而会令大家的关系更密切。
- 接受别人的关心和帮助。了解平衡施与受的重要性。因为有时接受也是尊重别人和谦卑的态度。
- 了解到不是每个人都能像 2 号那样敏感地察觉到别人的需要。所以，当自己有需要时，要清楚地明示，不要因为别人未能察觉，便责怪对方不够关心自己。
- 学习不要凡事感情用事，学习客观、冷静地分析问题，对人不偏不倚，处事要“对事不对人”。可以选择多玩一些能训练自己理性分析能力的游戏，如 IQ 智力游戏、推理游戏、下棋等。

3 号性格　追求成功的形象先锋

3 号的困扰

- 为了保持在成功的位置上，避免失败，需要时刻作战而身心疲累。

- 太强的比较心令自己经常产生很大的压力。
- 为了要经常装出一副精力充沛、充满信心的样子而感到疲惫。
- 周旋在工作和家庭之间分配时间的矛盾。

性格习性令 3 号可能错失的东西

在生命中不断追求成功的同时，你是否忽略了其实在追求的过程中你付出了很大的代价……

你可能错失了……

- ……与家人一起共度闲暇时光的宝贵光阴。你可能因工作太忙太累而忽略了关心亲人，没有时间陪伴他们，或因没有心情而变得对他们冷漠。这一切可能表面上没什么，但有些关系或昔日的光阴是怎样补救也无法挽回的，例如年老离世的家人、已经长大的子女、离异的伴侣等，那段岁月或那些人可能已经一去不复返了。
- ……关注及珍惜自己的健康。年轻时还能吃苦，可是老来可能换来一个伤痕累累的身体。

要突破的最高情操

“慢下来享受生命吧。走得太快不但令你错过了沿途的风光，也令你迷失前进的方向以及前进的原因。”

——埃迪 · 坎特（Eddie Cantor）

- 要对自己百分之百地“诚实”。要面对真实的自己，不再被形象蒙蔽。认清自己本身的价值跟成功与否完全无关，原本的自己已是有价值及值得被人爱惜。了解以后，重新做回真正的自己，活出真我最纯真的本质，做到表里合一，而不再只存活在形象的框框内。当你能接受真实的自己，活出真我时，你的自信及魅力是发自内在的，也最能感动、推动别人和最有吸引力。你根本不必以成就来证明自己的价值及寻求别人认同。别人对你有怎样的评价，也不能再阻碍你了。
- 摆脱虚荣心下的自大及骄傲。不再把自己看得过于强大，误以为没有自己，身边的事就不能完成，认为只有自己才有如此卓越的效率和才干等。要学习谦卑，相信是宇宙的大能借着你的才力为这世界成就有建设性及有意义的工程，没有你，世界一样会如常运作，有建设性及有意义的工程依然会发生和存在。所以，你要学会相信和希望世界的自然法规会继续运作。因此也能明白过来，经你达成的成就不只属于你个人。你所成就的，应该使更多人受惠，令世界更丰盛。

3 号的自我成长方向

- 爱你自己，意识到本身的你已是无价之宝！你的价值并不在于你究竟做了什么、能做多少和拥有多少荣誉与财产。那些只因你的表面成就才与你交往的人，也不值得你去争取他的爱和认同。

- 经常提醒自己去评估成功的代价。扪心自问以往为成功付出的代价是否值得，让自

己重新停下来，看清楚，再选择。

- 放慢忙碌的步伐，照顾自己的身体，不要过分沉迷于工作。现在耗损了的身体，将来可能要加倍归还呢！多做减压活动，例如完全的个人休息、浸浴、按摩、看电影、做瑜伽等。
- 留点时间来静静地独处，接触自己的心灵，留意内心真正的感受和需要，学习真挚及诚实地表达自己，不要用一个“忙”字逃避面对真实的自己。要知道“忙”这个字，拆开来看，正是解作“死了的心”。
- 提醒自己留意自己所做的事和表现的行为，究竟是为了配合形象，还是为真正需要而为。让行为不再是性格形成的自动化反应，让自己有机会重新选择，去平衡角色和自己真正的需要。
- 学习对人有耐性，不要只顾为达到目标而忽略了别人的感受和处境。要体谅不是每个人都能像自己那样有效率和精力旺盛。
- 不要忽略用“心”去关心家人、朋友。仅以物质去满足他们的需要或不停地为他们安排活动（而自己又缺少参与），并不能取代你的“真心”关怀。在密密麻麻的时间表里，严谨地画上固定的时间，百分之百放下工作，全“心”陪伴家人。
- 放下对家人和伴侣在外在条件上也要成功的要求，降低他们的精神压力之余，也让他们有机会选择怎样过自己的一生。
- 参与义工服务，发挥你内在的爱心，动机绝不为追求任何的赞赏和认同，而是纯粹为付出自己、贡献别人。

4 号性格　追随感觉的自我表达者

4 号的困扰

- 过度自我及孤芳自赏，令 4 号曲解了身边的人和事，以致难以融入外在的世界里。封闭了自己，也让别人无法明白他。

- 未能跳出自己的情绪漩涡，终日受情绪波动的支配。
- 经常身不由己地羡慕别人拥有而自己缺少的东西，然后向内投射各种凄美伤感的感觉给自己，令自己痛苦不已。
- 为竭力避免过一个平凡的人生而制造了很多不必要的感情风波。

性格习性令 4 号可能错失的东西

4 号的朋友，除了上述的困扰外，你可知道，在你的生命中可能还会错失了些什么呢？

你可能错失了……

- ……可以简单、开心地过安宁、和谐的生活，不再经常受大起大落的情绪影响。

- ……与深爱的人建立一段持久稳定的亲密关系。不再因害怕真实的自己带有缺陷而无法与爱侣建立亲密无间的爱。
- ……去享受懂得接纳原本真正的自己及感恩后所得到的那份富足和满足感。

要突破的最高情操

“当我能放下及不再执着‘我是谁’时，我反而能够成为那个‘我可以成为的人’。”

——老子

- 在高低起伏的情感世界中取得再平衡，真正体验内心犹如湖水般的平静。提升自我的觉醒能力，超越过度自我的执念，学会不再受内外因素的影响而不由自主地被情绪牵着走。领略到其实自己早已拥有一切令自己终生幸福的元素，不再需要羡慕他人。此外，也学习欣赏自己各种与生俱来的才华，开始热爱自己，珍惜生命。
- 领悟到自己一直在寻找的生命根源，其实就在自己与生俱来的本质里。学习向内看，重新与内在最原本的真我建立联系，实实在在地感觉自己的完整无缺。

4 号的自我成长方向

- 学习把焦点扩大，看看自己今天已经拥有的一切，为此而懂得感恩。多把焦点放在正面的事上。就算看似微不足道的事，简单如自己仍可健康地活着，可以自由地学习自己感兴趣的东西，也该为此而感恩。一个杯子有半杯水，你可以选择的态度是：“真好，杯子一半是满的，我还有半杯水可以喝！”或是“唉！杯子一半是空的，我只余下半杯水可以喝了！”从中你可以察觉到，同样是说出一个事实，释放出来的能量却有多么不同！你懂得为自己再选择吗？可参考的做法是：用心为自己写下一张感恩的清单，放在一个别致的相架内，并安置在一个自己经常看见的位置上，提醒自己要珍惜现在拥有的一切。

- 对美好的事物，学会真正地全情欣赏，活在当下。不再总是暗地里跟自己比较，为得不到外面美好的东西而自艾自怜只知道沮丧地渴望。
- 学习欣赏平凡中的美。明白不一定非要有非凡的经历才算是不枉此生。无论你平凡与否，生来就完满地值得人爱。

- 不再夸大自己内在的情绪，客观理性地看待外面的世界及事情的真相。切实体会自己真正的感觉，不要过于敏感，或过于理想化，保持情绪镇定。
- 平衡发展自己在情感、思想和行动 3 方面的能力，以免过分投放能量于情感层面上，让自己很不自觉地掉入情绪漩涡中，被感情支配。定期作适量的有氧运动（如球类、跑步等）来释放体内的负面能量，让自己更清醒。
- 转移自己丰富的情感，去关怀身边或社会中失落及愁困的人。
- 培养一些自己最出色的兴趣，让你能够重新欣赏自己。这可以是任何的活动，包括儿时发掘出来但长大后已忽略了的能力，例如绘画、做模型、做小手工艺等。

5 号性格　理性分析的旁观者

5 号的困扰

- 不懂得怎样向别人亲密地表达深切的关怀，让自己难于与人建立深厚的关系。有时就算知道要去修补，也不晓得怎样做。
- 对知识过度“贪婪”。这有别于一般健康地追求知识的态度，这种“贪婪”就好像有一个黑洞在 5 号体内，无论他研究学习得有多深入，也感觉还不够和不满足。他总觉得自己还没有掌握全部的真相，在某处一定还有更多还没发掘的东西存在，这是一种永无止境的饥渴。这种感觉逼迫 5 号需要不断寻求，但不自觉地忽略了生命中其他重要的部分，甚至为此付出了很大的代价。例如，忽略了关心亲人，疏于照顾自己的健康，拖延及忘记了处理日常生活中更迫切的事情，等等。

性格习性令 5 号可能错失的东西

5 号的朋友，除了上述的困扰外，你可知道你在生命中可能会错失更多什么吗？

你可能错失了……

- ……因亲身参与生命而得到的宝贵经验，以及把自己所学到的知识技能应用到现实世界的机会。
- ……体验关心别人后所能获得的喜悦。
- ……忘我地投入游戏中所感受到的兴奋和刺激。
- ……与伴侣经常深情地互诉心曲，表达浓浓爱意的机会。

这些经验感觉只有当你能勇敢地踏出你的研究室外，与别人建立真正的沟通，真正做到投入自己、拥抱生命才可以拥有。

要突破的最高情操

“我们的感觉是我们通往知识最真诚的路径。”

——奥德丽·罗德 (Audre Lorde)

- 摆脱对知识的过分依附。了解知识并非生命的全部，只拥有知识而丧失其他东西，生命也不会完整，也不会令自己的生命更充实和足够。要学会恰当地平衡“取”与“舍”。只“取”其所需，而不是永无止境地涉猎。学会“舍”得分享自己领略到的知识，不再因缺乏安全感而吝啬分享及有所保留。

- 全面地体会什么是“人本圆满具足”。通过真正地投入生活，融入生命，以生活体验丰富自己内在的经验，从而穿越知识的层面，领受宇宙间的真正智慧，重新寻回内在最实在的安全感。

5号的自我成长方向

- 克服那种“觉得自己知道得还不够多而不敢行动”的心魔，相信在行动和实践中能学到的会更多。不再只是从一旁观察，在思想中学习了解生命的概念，空谈理论。有谁可以单凭看书便能在脚踏车上平衡、在游泳时呼吸自如呢？要洞悉一切才行动，机会恐怕早已溜走了。学海无涯，何时才可洞悉“一切”呢？还是鼓起勇气，信任自己内在的指引，行动起来，亲身体验现实世界中的生命。行动的体验有时比凭空的想象精彩万倍。
- 与人保持适当的联系，主动关心别人。虽然自己不想依赖别人或被人依附，但也不要彻底地抽离。多融入人群，你会发现有些人并非如你想像中的那样只会向你苛索，他们也会在你需要时给你支持，给你安全感。另外，他们也未必如你想的那样肤浅，当谈及人生的智慧时，有些人也会有独到的经验和见解可与你分享。虽然抽离情感可以减少被感情伤害的机会，但同时也割绝了你和他人联系后获得的关爱、支持和喜悦。

- 提升与人沟通的能力。多学习一些表达自己的感觉及对他人关心的用词，开发自己在感觉及情感上与人沟能的技能。
- 多听一些感人的音乐，来开启自己紧闭的心门。
- 参与一些有助学习表达自己感受的工作或参与关怀别人的义务工作，丰富自己的情感触觉。

- **主动微笑地向人打招呼。**无论只是说声"您早""您好"或"拜拜"，向身边的人打招呼，可以说是最简单有效的打破隔膜的方法。就算是在电梯等候时，遇到不认识的人，也可尝试。你会发现除了能令别人觉得你友善之外，你自己的感觉也舒畅了。
- **留心照顾自己生活实务上的细节，不要过分忽略起居饮食的健康。**
- **要注意外表仪容**，虽然这些对你并不重要，却会影响别人对你的印象。
- **培养做运动的习惯，把焦点从活跃的思考分析中带回当下自己的身体上。**令你的身体苏醒，以身体直觉作出反应，而非靠分析研究。适合的活动包括要求直觉反应迅速的武术、壁球及羽毛球等。

6 号性格　寻求安稳的问题专家

6 号的困扰

- 因太缺乏安全感而容易对身边的人和事产生怀疑，变得敏感和情绪化，容易小题大做，捕风捉影。

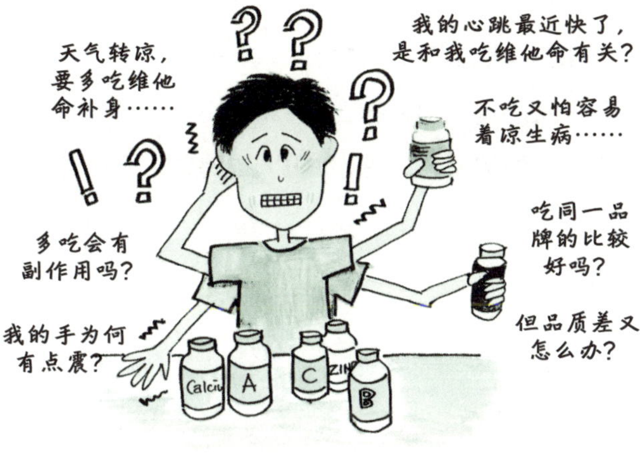

- 过分谨慎及小心行事，令别人误会他能力不足，没有信心去创造成功或不愿意尝试。
- 太犹豫不决，令事情进展缓慢或欠缺行动力。

- 工作太多，需要翻来覆去地审查，让别人增加很多工作及麻烦，容易惹得别人埋怨自己。

性格习性令 6 号可能错失的东西

6 号的朋友，除了上述的困扰外，你可知道在你生命中可能更会错失些什么吗？

你可能错失了……

- ……轻松自在、无牵无挂地生活的自由。
- ……为自己独立作决定所建立起来的自信心和满足感。
- ……勇敢地踏出你的舒适地带，追求心底里一直想做但不知结果的梦想！

要突破的最高情操

"信赖你所希望的，而不是你所恐惧的。"

——戴维·马奥尼（David Mahoney）

- 学习重新拥抱那份与生俱来、早已存在的勇气和安全感，信任及肯定自己的能力和价值。欣赏自己的长处，重拾信心。那份信心是源于自己，而不是依靠外界权威的认同和肯定。只有这样，在面对危险时，才能真正相信自己并作出最适当的反应。那个时候，你才会感到犹如扎根于磐石上的踏实和安稳，才能克服生命中的任何挑战。这份对自己的信任和依靠是一种很实在的经验，而非一份单薄的信念。

6 号的自我成长方向

- 客观审视自己过去是否过度猜想事情的负面情况及危险性。留意自己是否花了很多不必要的时间和能量去为不会发生的问题而忧虑和策划解决方案，同时也丧失了很多的行动力，让自己无法百分之百、有效率地投入当下的事情中。以后，当自己再次为将来的事担忧时，可以寻找值得信赖及客观的人求证，查找自己是否过于杞人忧天。

- **把焦点扩大，多以正面角度去了解事情**，平衡自己过于负面的主观想象或反应，发展信任别人和环境的能力。
- **回忆自己过去的大小成就，为自己增加信心。另外，以后每次成功时，也要深化自己成功的感受。**下次，当又开始怀疑自己时，回忆这些成功时的感觉，来增加对自己的信心。
- **鼓起勇气，就算恐惧，也勇敢作出行动，让自己多点儿冒险来训练自己的胆量。**明白没有任何事情是“零”危机的，以行动积累经验，再增加自己的信心。一切可以从小事做起，例如吃一些自己从未吃过的食物，做一些自己从未做过的运动，去一些从未去过的地方等。甚至参与拓展训练，有效但安全地提升自己的勇气，学习信任自己。

- **明白并无“对或错”的选择，只是不同的选择会带给我们“不同的体验”而已。**体验本身是中性的，并没有好坏之分，如果有，也是我们主观地加上去的。
- **学习信任自己，做自己的权威。**客观地参考别人的意见当然无妨，但要减少一些

陋习，比如忽略自己的看法，只顾四处寻求别人的意见，让自己的思想左右不定，失了自己掌舵的方向和能力。

- 发展信任别人的能力。明白并非每个人都有自己想象的隐藏动机。首要先真诚待人，让别人感受到你的诚意，彼此建立开放互信的关系。
- 多做运动或听音乐，把注意力由思想转移到身体或情感领域上，减少胡思乱想带来的忧虑和压力。
- 改掉负面的口头禅。留意自己所说的话，把负面的说法变成正面的说法。例如，把“如果不……就不能……”的双重否定说法改为“只要……就会……”，“我不可以消极”改为“我要积极”，“我不想失败”改为“我想成功”。

7 号性格　追求开心体验的火麒麟

7 号的困扰

- 因对人对事都侧重想象较美好的一面，因而低估了负面因素可能带来的各种结果与损失，令自己受到伤害。

- 为了追寻又多又刺激的生活体验，令身体过于疲劳或疲于奔命而有所耗损。
- 过于冲动，说话口无遮拦，得罪了别人甚至破坏了人际关系也不自知。

7 号的朋友，当你穷尽一生的精力追寻快乐，到头来感到一切不过如是时，你经历的那份失落和痛苦可能要比你当初极力逃避的更甚。因为到那个时候，你再也没有其他地方可以逃避了。曾经在黑暗中活过，才知道光明的可贵，生命不正是要我们从“对比”中学习吗？上天赐予痛苦也是出于善意这样的出发点。7 号的朋友，你未能踏实地经历过最痛苦的时刻，又怎能体会到什么是极致的快乐呢？越是经历过痛苦的人，越容易感到满足，得到快乐。

性格习性令 7 号可能错失的东西

7 号的朋友，除了上述的困扰外，你可知道你在生命中可能还会错失些什么吗？

你可能错失了……

- ……如何去体验真正的快乐，享受内心的一片宁静。
- ……不再被沉闷、痛苦的恐惧操控。
- ……和别人能建立真正深厚及有承诺的关系。
- ……在深入了解事物后方可享有的无穷乐趣。
- ……很多成功及可发展自己才华的机会，皆因未能持之以恒。
- ……能真正地活在当下，为自己所拥有的一切感到足够。

要突破的最高情操

“只有当我们能穿越地狱后，我们才会发现天堂。”

——无名氏

- 学习节制自己的欲望，尝试真正安于活在当下，只获取当下所需的资源，只花费适可而止的精力。体会生命本身已存在的奇妙和丰富性。世界及宇宙的资源是无穷无尽的，不用急于占据和拥有，在苍穹丰富的生命里，根本就不存在缺乏。只有能够学会深化这份只会发生在内在的“完整”经验，切实体会了这一点，不再追逐物质上的体验，你才可以获得心灵上的富足，真正拥抱及体验永恒的快乐。
- 活在更大的使命感当中。当你重新与自己的内在联系起来时，你将体会到其实自己也是宇宙大自然的一部分，也有用自己的人生去配合苍穹伟大计划的使命。通过活出自己的美德和天赋才能，为世界大我谋求福祉，而不再是只为自己的个人享乐而活着。

7 号的自我成长方向

- 接受生命有喜有悲，最精彩的体验就是经历生命的全部，包括：痛苦、恐惧、沉闷。只有真正能超越它，才不会再次被它吓倒，不再需要追赶寻觅外在的快乐体验作为代替品、挡箭牌。你也终于可以停下来，踏实地品尝每时每刻的生命，体会简单平凡的生活，也可令你得到真正的快乐。

- 学习活在当下。练习放慢脚步，安静下来，欣赏及感受现在的一切，不论现在是痛苦还是快乐，不再以回味过去或计划下一步要做什么来逃避，使自己脱离现实。可以考虑以冥想、静坐等活动来培养耐性及平静内心。
- 学习尊重环境中必须遵守的规律，理解“限制”并非代表“牺牲”。天下万物皆有序，人必须遵守规律。有时在限制束缚下产生的难受感觉，可能只是思想上制造出来的魔鬼，是你过于敏感的自动化反应。实际上，你可能并不一定会有严重的损害。
- 学习专注，减少手头上的活动，完成一件事再开展另一项，切忌半途而废。要克服“怕沉闷、怕辛苦”的心态，深化每件事的体验，让自己有机会领略每件事中的真正乐趣和价值。可以考虑每天固定做 30 分钟合适的运动来锻炼做人做事的恒心及耐力。

- 凡事需要三思，不宜过分乐观及冲动，以免招致损失。
- 当自己又想用“合理化”的伎俩来为自己辩解，逃避困难及沉闷时，要懂得觉醒。

学习询问自己背后的真相是什么，尝试勇敢正视问题，正确面对内心不愉快的感受，然后克服它、超越它。

- 切勿“眼阔肚窄”，进食及娱乐要适可而止，不宜浪费及虚耗健康，学习懂得“拥有”可能已是“足够”，“多”未必一定比“少”好。
- 切记慎言，不要过于自我，要学习把焦点放在外面，多包容、宽恕和关注别人。
- 给自己定下健康的作息饮食时间，规定自己不能因任性及贪玩，经常颠倒了正常的生活规律。每天要记下睡觉起床的时间，每周检视自己的执行情况，鼓励自己要越做越好。

8 号性格　有胆识的义气大佬

8 号的困扰

- 因拒绝依靠别人而过度地虚耗自己，令自己身心俱损。
- 经常掩饰真实的自己，永远在别人面前摆出一副很刚强的模样，为此感到疲累，也令别人无法接触他的心灵，关心及真正了解他。
- 不敢展示自己感性的一面，以致被人误认为冷酷无情。
- 过分的对抗令自己树敌太多。

性格习性令 8 号可能错失的东西

8 号的朋友，除了上述的困扰外，你可知道你在生命中可能还会错失些什么吗？

你可能错失了……

- ……让别人走近你来关心你及支持你，为你遮风挡雨，替你出头及保护你。你强硬及经常展露出来的威势，可能会吓怕别人，或令人觉得你完全不需要别人支持。
- ……能坦荡荡地开放及释放自己，真正勇敢地在人面前表露自己的感受。
- ……可以放下盔甲，与人相互信任地联系，如实简单地活在当下，体会生命中的每一刻。

要突破的最高情操

"躬行怜悯、关怀、教育、慈爱,以及分享你的天赋和能力,才是获得力量的途径。"

——杰米 · 萨姆斯(Jamie Sams)

- 执行真正的公义与公平。以众人而不是自己的福祉为依归,为大家谋求最大的利益。放下对权力的私欲,不再企图以支配环境及别人的资源为自己争取利益。当处事公平时,也信任权力分配应该是人人平等,不再自视过高。也不再把别人看成是自己的一枚棋子,勉强别人听命于自己。
- 重新拥抱自己如孩童般天真、率直的一面。做到信任环境,顺应环境,在适当的时候才作适当的响应。然后,对环境放下以往必然坚持的批判及防卫,不再整日把自己武装起来,以攻击及控制来先发制人,企图宣示自己的力量。体会真正的力量是刚柔并重,所以无论自己在坚强或柔弱的状态下,都能坦然无惧,有信心面对外在的环境,确信世界是安全的。

8 号的自我成长方向

- 学会拥抱自己内在温和及感性的一面,让自己能自然流露对他人的情感。让别人知道你善意的出发点,别人才敢接近你。勇于流露感性的一面,并不代表你是软弱或容易受人欺负。在可信赖的环境下,让自己流露内心较脆弱的一面。可以寻找一些值得完全信任的人作为你的聆听者。虽然你可能怕被人拒绝,但你硬梆梆及严厉的外表,反过来,别人才怕被你拒绝呢!

- 学习好好善待自己,不要凡事都太过拼搏,要留有余地。因为就算你的出发点是为了保护别人,但倘若你因此而受到伤害,除了会令别人感到难过外,你也无法

再在他们身边照看他们了。

- 多留意自己说话的态度是否过于霸道，适当调节自己，并纾缓个人的冲动。意识到自己表现出来的强者作派，有时在别人眼中其实是态度专横，所以要学会体会别人的感受，避免对人造成伤害。
- 节制一切的“过量”，不致令身体过度耗损。了解到不需以过量的行为（即象征“我担负得起”的姿态）来展示能力。当留意到自己处于这种状态时，尝试静下来细问自己是否在某方面缺乏信心，或是想以此证明些什么。
- 行动前先冷静细想结果，为长远目标压制冲动，以自己的愤怒作为警示，来提醒自己放松及冷静。
- 学会耐心聆听，以了解全部真相。学习谦卑及尊重别人。

- 学习和别人敌对的时候，以寻求双赢及和谐的方案来解决。明白凡事可以通过冷静磋商达成共识，结果不一定都是你输我赢的。
- 每星期进行适量运动来纾缓压力，训练自己保持平和的心境，例如瑜伽、太极拳、高尔夫球等。

9 号性格　与世无争的和谐追寻者

9 号的困扰

- 别人利用自己随和的优点而占尽便宜。
- 因为逆来顺受的性格而被人欺负、不被尊重或放在眼里。
- 过分拖延的性格令自己缺乏实质的行动，以致未能创造成果。

性格习性令 9 号可能错失的东西

其实，你是否留意到你一直体验到的宁静心境，并非百分之百如一般灵修学问或各种宗教信仰所说的平和呢？在灵修学问或各种宗教信仰里说的心境平和，是指人经过修行顿悟获得的“平静”，此时人的内心是清明的，很清楚自己的目标和方向。它并非是以平静来遮盖自己的恐惧，以逃避来获得片刻安宁，更不是那种不知自己人生方向的状态！你可知道你麻木了自己的感觉，不去看问题，淡化问题的严重性和迫切性，把心神转移到其他并非最重要的事情上，以“看不见为不存在”的态度来生活，除了让你得到上述困扰外，也令你生命中可能错失了些什么？

你可能错失了……

- ……通过学习达到真正内心平和的机会。
- ……为自己积极行动，做一些对自己生命重要的事，如追求理想等。享受获得成果的成功感。
- ……从冲突中学习，认识自己及自我成长。
- ……很多可以在人生中为自己争取快乐的机会。
- ……被别人真正了解你的需要并关怀你。

要突破的最高情操

“平和不是源自没有冲突，而是来自有能力处理好它。”

——无名氏

- 先去学会“爱”自己。请给自己时间适应，好好学习去“爱”自己，与内在的真我再一次联系起来。意识到自己的重要性，重视自己真正需要的是什么，不再压抑或否定它们的存在。给自己机会，把内在的潜能与力量发挥出来。同时，也通过把爱自己的能量转化为行动力，通过爱的包容，与身边的人真正互相沟通及彼此接纳，达到真实的融合与统一。
- 积极为自己“行动”，争取及创造未来。学习不再因为害怕改变平静的现状而去逃避问题，因为改变并不代表一定会失去平衡。另外，也要明白表明自己的立场，并不等于丧失别人的认同，以及恶化与人之间的关系。

9 号的自我成长方向

- 学习重视及提出自己的需要。有时你可能因为过于关注别人的观点，一时想不到自己的需要。此时，你应该勇敢地要求别人给你一点时间考虑，然后冷静地细想自己的需要，不要因害怕提出要求而扼杀了满足自己需要的权利。

- **学习独立地作决定。**当因为要决定最适合的选择而感到为难时，尝试先剔除不合适的选择，慢慢筛选，再决定最合适的选择。
- **清楚明辨真正的“谦虚”与“看轻自己能力”的分别。**谦虚是虚心、不自夸自大，但没有贬低自己的价值及轻视自己的力量。9 号的朋友，当你能与内在的真我联系时，你自然会有足够的力量和能力去应付一切，包括处理纠纷和冲突。
- **积极为自己做点事。**与其只把能量投放在顺从别人的行动里，不如尝试转移能量做一些对自己生命重要的事，例如发展自己的才华。虽然对你来说，刚开始时一定会有很多不安和恐惧。但克服之后，你会有无限的满足及感受到自己很有力量的一面。例如，培养一种自己充满热忱的兴趣来令自己积极起来，这项活动如有他人一齐参与，更可以利用别人和大伙儿的气氛来推动自己持之以恒。

- **为要处理的事情定下优先次序，再为工作设立清晰的目标及进程表。**专注地朝向目标，根据明确的时间进度表及限期，努力付诸行动，克服散漫及对时间不当回事的习惯。当完成目标后，不妨奖励自己一下，以示鼓励。可以考虑多参加与“时间管理”有关的训练活动，来学习怎样更有效地安排和运用时间。
- **学习适应改变及因改变所带来的不舒适。**倘若作出的改变，在对人对己等多个方面都是有利的，就不要被自己的“惰性”征服，坐言起行吧！
- **不再压抑自己的能量，尤其是愤怒。**每当这种自动化的“压抑”习惯再出现时，便细想它的源头，然后跟踪自己的需要，观察有些需要是否被自己或别人否定或忽略了。适当地表达愤怒是好的，愤怒的时候，也是你能重新联系自己内在能量的时候，可以帮助你驱走你的“惰性”，化顽固为行动力。可以考虑多作定期的运动来消耗体内压抑情绪时储存的负面能量，例如武术，它还可帮助你接触及体验自己有力量的一面。
- **摒弃被动式抗拒及阳奉阴违的行为，学习为自己不愿意接受的事说“不”。**你直接的表达，比模棱两可或被人后来察觉你其实是屈从别人好得多。后者的行为可能令你和别人的关系更疏远，因为你阳奉阴违的行为，会令人觉得你不诚实或觉得你不值得信任。

第四章

如何与各种性格类型的老板/上司相处

当 1 号是你的老板 / 上司时……

他的习惯性行为是……

- 要求高及处事认真，投入工作时，态度比较拘谨，不苟言笑。工作过后，会较轻松及容易接近。
- 呈上的工作文件喜欢改完再改。你可能觉得那些修改的地方可有可无，但对他来说，却具有极大的分别。工作很难一次就获得通过。
- 很注重规矩及程序，做事井井有条。对于作决定，他需要很多合理的数据及证据，因为不想出错。讨厌凌乱、不守时。
- 有很多“应该”和“不应该”，令你缺少处理问题的空间和弹性。
- 他会让你很清晰明白你的职责，尽量给你应有的资源。
- 交待给下属的工作会仔细跟进，很细微之处也会细心检查并要求改进，与他一起工作时，让你感到有压力及沮丧，因为你好像工作永远也准备不完或达不到他的要求。
- 若你犯错后能努力改进，他会对你循循善诱，悉心教导。但若做错了还拼命为自己找理由狡辩，只会自讨没趣，因为他会更捍卫他的立场，并会举出很多例证说明你错在哪里，绝不姑息。
- 他很公允清廉，很少不按正路做事。

你作为下属要注意的是……

- 呈上的工作文件必须有条理、无错字、格式统一，同时要准时提交。
- 除非你提议的工作方法确定比他的好，否则最好按照他的方法去做。因为他大多数会修改至接近他认为最理想的方案。
- 工作时工作，放松时放松。谨记在工作时要保持上下级的基本礼貌。
- 做错事要承认，被他骂就要专心聆听。受到批评的地方要认真地改进，但不需过分敏感及自责，要体谅他批评你的出发点是为你好，而并非故意让你为难。

- 想提出和他相反的意见时，不要直接指出他的意见是“错”的。用“错”这个字来形容他的观点是一个大忌，要婉转一点，以邀请或婉转的方式请他从另一个角度看问题。例如说，“我有一个想法，想让你给我一点意见……”。
- 只要你肯勤奋、认真地工作及不断进步，你一定能获得他对你的好感。他不爱受别人奉承，那样的人他会看不起的。
- 不要被他冰冷的外表吓倒，他是个外冷内热的人。

当 2 号是你的老板 / 上司时……

他的习惯性行为是……

- 亲切、友善，很用心地亲自指导员工，乐意与员工一起解决问题，凡事都喜欢参与及亲力亲为。
- 喜欢和下属打成一片，也喜欢下属把他当作朋友般看待及向他倾诉心事。
- 把下属当作是自己家人一样关心，甚至关心他们的家人。例如，有时会买些小吃（甚至自己亲手做）来慰劳他们，或会特意张罗一些需要的东西回来，送给下属或他们的家人等。
- 只要员工尽心尽力地去做，他很能包容他们的过错。
- 重视员工的整体工作及身心发展，很用心栽培人才。
- 在公司或机构内的人际关系网络很好，也是他老板 / 上级的好帮手。
- 做事倾向以人为本多过其他目标，策划及组织能力相对较弱，但善于影响人及推动人为他做事，助他达成目标。
- 会要求下属有很好的人际关系，甚于他是否有突出的工作表现。

你作为下属要注意的是……

- 尽心尽力做好自己的工作，把工作当作是自己的生意一样认真地去做，不要凡事斤斤计较或介意付出没有回报。

- 切忌口是心非，阿谀奉承。对他要真心相待，真心欣赏，并感激他的悉心教导及栽培。
- 建立良好的人际关系，对任何级别的人态度都要一样地亲切和友善，这样他才会相信你的人品和真诚度。
- 和他沟通或开会，他喜欢别人关注他，在他说话时不能无动于衷，而是时时有点儿反应，如微笑、点头或示意同意与不同意等。对他来说，这些身体语言代表着接纳。
- 向他推荐你的工作计划时，不妨先令气氛亲和起来，然后再开始讨论。在讨论过程中，要让他更深入地掌握及明白你的意思，除了重视数字分析外，也须指出你的建议将会对不同的人（如客户、员工、股东等）有什么影响，他会更有兴趣及耐性地倾听。总之，不管商讨任何事情，除了基本的数据支持外，动之以情比一切都以理分析更为奏效。

当 3 号是你的老板 / 上司时……

他的习惯性行为是……

- 经常保持衣着得体，醒目能干，充满自信。
- 办事能力及组织能力很强，做事集中，对每项工作都有清晰的目标及部署，很清楚最重要的成功因素是什么，哪个计划最受上级重视及最能赢得更多掌声等。
- 做事强调要快、优、精，有障碍时他会第一时间想办法解决，很少拖延。
- 为了能成功达成工作目标，他会很拼搏，不会轻易放弃，也要求团队的同事能跟他一样努力。
- 很懂得向外借力及激励同事帮助他完成任务。他的应变力很强，能屈能伸，收买人心的招数层出不穷，令大家心悦诚服。

- 在公司或机构内人缘很好，很少与别人争执。遇到冲突会迅速平息，然后另想更有效的办法去解决问题。不会浪费时间，表现甚得上司赞赏。
- 说话又快又急，欠缺耐性。即使留意到别人的感受，也倾向留待日后再处理，除非同事当时的情绪正影响工作的进度。
- 布置下去的工作，会定时检查进度。只需达到目的，他不会在意你用什么方法来完成。

你作为下属要注意的是……

- 做事要主动、勤快，最好能配合他又快、又准的节奏。
- 要懂得变通及独立解决问题，不要只向他提出负面的问题或工作上的困难而没有设想解决的方案。
- 要忠诚，这比能干更重要，要建立他对你的信任。
- 不要自恃聪明，自夸及过分突出地表现自己。无论你有心或无意，轻微的小动作也会惹起他的疑心。他最怕别人不忠诚及出卖他。
- 说话要直接、精简，紧扣主题，不要模棱两可，浪费他的时间，他没有耐性听。否则多好的理念，也会因为他性急及先入为主的性格，从而错失了阐述的机会。
- 尊重他，不可在外人面前尊卑不分。他的形象十分重要，你破坏他建立的形象、令他丢脸或令他部署的策略受阻，比你做错事后果更严重。

当 4 号是你的老板 / 上司时……

他的习惯性行为是……

- 比较情绪化，喜怒全表现在脸上。
- 在工作的方向上及喜好会很飘忽，但不是犹豫，只是今天和昨天的看法可能不同，而且每次都是很肯定的。做事也很看心情。心情好时，讨论事情会很顺利，否则会变得不客观及难以说服。

- 对人真诚，重视与员工的关系。很有同理心，坦诚向他说出困难，他会尽心安慰及帮助你。
- 对别人误解他的意思会有很大反应。他会激动不忿地重复解说，直至别人明白他的意思为止。
- 对工作表现，他不会只强调金钱上的目标，对质量的要求也非常重视。
- 未必能做到百分之百公正，也会偏向和他关系好的员工。但他绝不接受拍马屁。和他关系好的同事，通常是能真心交往的朋友。
- 他的率直求真，会令他说话时显得太过直言，容易忽略别人的感受。

你作为下属要注意的是……

- 老实尽心地把工作做好。
- 和他相处，要以真心相待，不要刻意奉承，他最讨厌伪君子。
- 不要误解他对事情产生的负面情绪是在针对你，他只是对事不对人。
- 做事保持中立，不要被他的情绪反应过分影响。有事情需要商量，要待他情绪平稳后，再以平静客观的态度去劝说他。让他知道你很明白他见解背后的出发点，然后才提出你为何不认同那是最好的方法。
- 有事不可以瞒着他。虽然你未必出于恶意，但你的不坦诚会令他对你产生戒心。
- 在他心情不好时和他讨论工作，你最好首先关心他发生了什么事。先安慰及纾缓他的情绪，如真心关心好朋友一样，然后再讨论工作，他才会有心情与你一同处理问题。但切忌虚伪的关心。

当 5 号是你的老板 / 上司时……

他的习惯性行为是……

- 外表比较酷，平实朴素，做事实事求是，不爱出风头，也不太懂得投入办公室政治。

- 平时较少与下属打成一片，但不会装出一副老板 / 上司的模样。
- 很少提及私事。有工作需要时才会与你沟通。
- 做事很强调共识和系统化，有清晰的计划及进程表。重视运作流程，喜欢以简洁的图表让大家明白他的意思。
- 布置下去的工作会让下属独立处理，很少会问长问短。他也假设你能独立完成工作，因此不会主动给予援手。
- 下属做错事情，很少会责骂，会以理性讨论问题，让下属明白错在哪里，需要作出什么改进。讲完便离开，不会与你纠缠或主动了解你的感受。假如重复出现错误，会理性地把下属调走或革职，因为工作就是工作。
- 他喜欢以电邮或其他书面的方式与你沟通。对于见面讨论，可免则免。
- 他不重视取巧或门面功夫，只注重你工作的内容是否达到要求。

你作为下属要注意的是……

- 做事要独立。不明白的话，要很明确地提出讨论。他不善于洞察你的身体语言或留意你的感受并给予帮助。
- 不要被他冷漠的行为误会为对你没有好感或有不满。他只会把你界定为同事，不会有兴趣与你发展友情。
- 如无必要，别打扰他或占用他太多时间。他喜欢独处及安静地工作。
- 和他开会，最好预约，让他预先知道开会的目的、讨论的内容和需要的时间。他不喜欢突发的会议。
- 做事一定要有客观的证据支持及有多方面的分析与思考。提交的报告，内容是最重要的，花巧的格式可有可无。
- 和他讨论，话题要集中，不要东拉西扯，他最讨厌没有主题的交谈。
- 讨论中，给他思考的时间去回答你的问题，或让他在会议后细想了再回答，不要催逼他。

当 6 号是你的老板 / 上司时……

他的习惯性行为是……

- 作风谨慎，不会太进取和冒险。例如，提交给上级的预期业绩或工作计划，通常会很保守。
- 很注重团队的忠诚度。如果他相信你对他忠心，他会把你当作自己人，捍卫你及替你争取利益。
- 做事倾向搜集很详尽的资料，作多重分析和讨论之后才能安心作出决定。如果时间充裕，他会分析得更多。因此，工作大多不到限期不会完成。
- 犹豫不决是他的风格，他不轻易作出决定，也会反复询问别人的意见。
- 很勤奋尽责。上级要求的工作，他一定会尽心尽力及很小心地做好。
- 通常在公司或机构工作的年限很长，对团体忠心耿耿。
- 疑心较重且敏感，不太轻易相信别人。需要多番观察别人言行，才会放心逐步下放工作及权力。
- 当工作出现错误或遭人投诉时，他会倾向觉得自己是受害者，要负大部分责任的人不应该是他。
- 在工作环境里，他或会摆出一副老板 / 上司的模样。但在工作以外，他是一个平易近人的人。

你作为下属要注意的是……

- 对他坦诚，令他信任你没有事情在隐瞒他。他讨厌虚伪奉承，对于这些人他会暗中产生戒心。
- 提交的报告，切忌报喜不报忧，有问题要及早对他说。要是他开始怀疑你有意隐瞒，便很难改变他对你的负面印象。

- 给他审批的计划书，应尽量详细，作多角度分析，列明所有潜在的问题及障碍，并提出解决方案。
- 当他表现犹豫不决的时候，不要认为他的忧虑是多余或表现不耐烦，他会很敏感及觉得你不尊重他。尝试先体谅他的心境，让他明白你也了解他的关注，然后细心发表你的意见取向。接着给他时间，让他独自再三考虑。
- 另一个有助 6 号上司作决定的方法，是尽量搜集他信任的人所持的意见或以往实行过而又具有实效的做法，给他作参考，他作决定时会较安心。
- 凡事都要知会他、尊重他，不可盖过他的风头，否则你会挑起他的危机意识，令他怀疑你有野心，担心你对他构成威胁。

当 7 号是你的老板 / 上司时……

他的习惯性行为是……

- 感染力很强，善于推动别人完成任务。
- 喜欢团队关系，有说有笑，开开心心，经常会提议搞一些集体活动让大家联络感情。由于他风趣贪玩，所以当他工作压力不太沉重时，工作气氛会充满欢乐。
- 他有很多新建议及计划，有时会令你招架不住，忙到吃不消。
- 行事非常心急，刚交给你的工作，回头便会查问你进展如何。而且很多时候，他查问的范围会涉及多个不同工作，让你有时难以专心做好一件事情。
- 处于繁重的工作压力下，他会变得很挑剔，有时会紧咬别人的小瑕疵不放，甚至变得嘴不饶人。
- 做起事来，有时比较轻率，有时又非常认真，要求极高。但说到玩耍时，就会不分大小，与众同乐。
- 当你遇到问题时，他会热心帮你解决，并向你提供多个解决方案。
- 他最怕别人说话冗长，词不达意，迟迟说不到正题，这时他会显得十分不耐烦。如果这是你的要求，则大多会泡汤。

你作为下属要注意的是……

- 做事效率要高，凡事都要用心做。他可以容忍你不懂得怎样做而虚心请教他，但不能容忍你得过且过、撒谎或拖延。
- 态度要积极乐观，不要总是从负面的角度思考，反对他的新建议。中立的建议更容易令他接纳。
- 做错事要坦白认错。只要不是经常犯错，勇于承认错误，反而可增加他对你的好感。但若瞎扯伪装，会被骂得很惨。对他来说，“一次不忠，百次不用”。总之，一切坦白从宽，抗拒从严。
- 他不接受奉承拍马屁这一套，这会让他看不起你。
- 当他分派太多工作令你真的感到吃不消时，你可以用诚恳的态度向他表达，他会聆听并与你一同解决。但若你未尽全力便喋喋不休地抱怨或投诉，恶意指责，就不要奢望能够达到目的。
- 不要在人际关系上搞小圈子。他喜欢大家关系融洽，不分你我。

当 8 号是你的老板 / 上司时……

他的习惯性行为是……

- 有威严，具有大将之风。万事皆看大局，有谋略。
- 野心大并且富有冒险精神。喜欢策划大规模的工作，对小型计划不感兴趣。
- 要求下属对他绝对尊敬及有礼。
- 他只需对计划的大方向进展了如指掌，但对详尽的报告没耐性看或听。
- 能力较差的员工，他会设法调走或索性开除。他绝不允许被人拖慢工作进度，影响大局。
- 较少称赞下属，但若发现下属做错事，就一定咬着不放，彻底地教训一顿。但斥责完后，他便像没事发生过一样。
- 很愿意提拔员工，为他们的努力向公司或机构争取回报，很少会忌才。

- 爱做主，性急，讨论问题时大多欠缺耐性。说话直接，时常打断别人说话，自己发表意见。
- 不会主动与下属有太多的私交，也不会公开太多自己的私生活。
- 不能忍受下属越级打小报告。这绝对是死罪，因为这代表不尊重他及挑战他的权威及能力。
- 很豪爽阔绰，偶尔会主动慰劳大家，如请全体同事一起吃饭。

你作为下属要注意的是……

- 谋划工作时要看得宏观及长远一点，切忌只集中在芝麻绿豆的小事上。
- 在重要计划上，要给他定时报告进度。不要把太详细的资料传阅给他，他会因欠缺耐性详阅且表现得不耐烦。
- 不要小小的事也麻烦他。每次向他提出难题时，也要细想一下是否可以自己解决，他讨厌依赖及不够独立的员工。
- 做好本分，凡事尽全力，不可令他觉得你有所保留或给自己留有后路。
- 不要拍马屁或搞小动作，他讨厌唯唯诺诺的小人，他是吃软不吃硬的。
- 绝对地尊重及敬畏他，切忌当众向他挑战，要给他面子。若要提出反对他的意见，可以尝试以征询他意见的方式提出建议。
- 不可畏首畏尾，在他面前要表现得果决一点，他最厌恶胆小及懦弱的人。
- 说话及做事都要清晰、直接、肯定，切忌模棱两可、拖延及犹豫不决。犯错要直言不讳，千万不要找诸多借口，他最讨厌别人隐瞒真相，报喜不报忧及好大喜功。
- 被他责骂时，不必把他刻薄的话太放在心上。当他愤怒过后，便会像没事发生过一样。但要留心他说的重点，不可再犯。

当 9 号是你的老板 / 上司时……

他的习惯性行为是……

- 他没有上下级观念，也绝无架子。
- 他的宗旨是“你好、我好、大家好”。他最希望整个团队能万众一心，和谐团结及和睦互爱，就像一个大家庭。
- 对下属不会有太多的要求，只要你能办妥你分内的事，他就很满意。就算他对你工作上很有意见，也只会很客气地提出，甚至以很谅解的语气为你想出一些可能的原因或借口。
- 他对每个人尽量做到公平及不偏不倚。一来避免团队引起纷争，令自己有压力，二来也怕影响彼此间的工作关系。
- 不善于布置工作给下属。有时为了避免遭到拒绝或受到挑战，他会宁愿自己做。
- 对于一些影响大家的规则或决定，他为求和谐，会偏好由大家一起来决定，不会单独决定。
- 对于一些难以取得共识的问题，他倾向逃避及拖延处理。
- 容易缺乏明确的目标方向。也因怕批评下属表现会产生冲突，所以拙于指导下属如何改进。

你作为下属要注意的是……

- 谨记安守本分，切忌在外惹是生非，为他四处树敌，给他增添压力。
- 不要经常让他为你出头，尽量不要让他处于冲突的处境中。
- 要以礼待人，和蔼可亲。切忌嚣张及缺乏团队精神的表现。
- 不要表现得太有野心，不要为求工作尽快得到成绩而走捷径或耍手段，他不会赞赏你这样的努力。相反，他可能会对你产生戒心。怕你影响整个团队，破坏和谐。

第五章

如何与各种性格类型的下属相处

当 1 号是你的下属时……

他的习惯性行为是……

- 勤奋且富有责任感。如有需要，他会自发地加班，尽力把工作完成。
- 做事有头有尾，踏实有序。不会走捷径或对你阿谀奉承。
- 遇到失职犯错，他会主动坦白并清楚交代。同时，他也会显得很自责和内疚。
- 他递交给你的文件通常非常详细，每个步骤都很清楚，绝对看得出是下过苦功用心做的。
- 遇到和你意见不同时，会显得爱争论。条件许可的话，他会搜集证据来证明他的想法是对的。
- 他需要清晰明确的目标去开展一件新工作，面对含糊空泛的指示，他会显得困惑和不耐烦。
- 他对上司的素质也有期望，面对不尽本分的上司，他会冷淡对待，但仍会维持基本的礼貌。

你作为上司要注意的是……

- 在工作质量上，不要给予太详细的要求及准则，因为他自己已经有很高的要求，给他说明工作大方向的需要及其重要性便已足够。
- 嘉许他的勤奋及优秀的工作表现。获得肯定，可以减轻他给自己的精神压力，让他更自信地尽心办事。
- 适当地加入轻松的元素，纾缓一下他在工作上给自己施加的压力，也可让他能轻松地和身边同事融洽相处。
- 培训他提升处事的灵活度、接受性及创新能力。
- 给他委派工作时，要注意清楚解说整件工作的目的及可能出现的情况，让他不要因为改动他完成得很完美的工作而产生怨愤。

当 2 号是你的下属时……

他的习惯性行为是……

- 很拼搏及尽心工作。除了工作尽心外，对上司、下属及各级同事都一样亲切友善。人缘一向很好，很多同事都喜欢找他倾吐心事。但有时因太关注帮助其他同事，而未能专注自己的工作。
- 做起事来比自己的事还要上心，很有责任感，从来都不会计较加班、工作太多等。
- 为了达到上司的要求，就算需要拿出自己的资源来补贴也在所不惜。但如果你漠视他的热心付出，他会很情绪化或态度变得冷淡。
- 擅长做一些与人接触的工作，如一些需要多点接触客户或服务对象的一线岗位或一些侧重人事管理的工作。那些只需个人单独进行的工作如数据分析研究、统计等，绝非是他擅长的。
- 你对他好，他会加倍对你好。除了很细心为你工作外，有时候也会很留意你的需要及关心你，如看见你憔悴沮丧，他会很主动地向你嘘寒问暖，甚至为你做点事儿，让你得到照顾等。
- 他很懂得察言观色，做事绝对举一反三，不用你吩咐，他也会自己主动准备工作，打理妥当，免得你担心。
- 真心的感激或赞赏，以及融洽的工作关系，比起物质上的报酬，更能推动他努力工作。

你作为上司要注意的是……

- 经常和他保持沟通接触，让他感到自己被关注及被人认同他的重要性。
- 对于他做得很好的工作，不要吝啬你对他的赞赏和感激，这是他工作的精神食粮，比起升职加薪，更能推动他全力以赴地工作。但当他做事表现欠佳时，应以劝导及鼓励取代批评和责难，这会更有效地推动他改善。

- 信任他的办事能力及放心布置工作由他负责。这比起你每一步都牢牢监督着他，他会更花心思完成任务，并做得更好。
- 不要干涉他在工作时与别人交际往来。这是他工作的方法，也是他推动自己努力工作的灵丹妙药。他不怕做得辛苦，只怕与人的关系疏远或转坏。
- 清楚说明你对他工作上的要求，否则他可能会因过分满足你所有需要而做得过量。
- 不要以冷淡或不耐烦的态度去回应他有可能过度的热心和关心。应以感谢的态度去表达你真正的需要。

当 3 号是你的下属时……

他的习惯性行为是……

- 打扮醒目，很会用服饰包装自己能干的形象，衣着紧跟潮流。
- 整体的工作表现很出色，做事和口才也很突出。
- 精力充沛，积极自信。有难度的工作也乐于接受及尽力做，但也懂得趁这些机会，合理地向你要求更多资源，如人手或经费预算等。
- 查问他在工作上的问题，他永远都是胸有成竹，能挥洒自如地回答你。
- 很懂得推销自己及揣摩上司的意思，是很懂得赢取别人好感的员工。
- 有时过分的圆滑及搏出位的举动，或会令其他同事非议。
- 做事勤快，效率高，懂得分工作轻重，知道上司重视哪一项工作，会全力以赴及优先处理。但可能会忽略其他的工作。
- 懂得灵活变通地解决困难，但事后大多会有意无意地让你知道他的表现有多出色，借此希望你称赞他或知道他的能干。
- 做错事时不太容易承认，就算承认也会有其他解释。因他一贯以成功的形象示人，所以很难承认失败。
- 通常和上司的关系都非常好，也希望成为上司最宠爱的员工。会为上司在工作上分忧，尽心出力。

你作为上司要注意的是……

- 当他工作表现优秀时，衷心称赞和感激他，并明确地在众人面前多加表扬。
- 为他在别人面前建立地位。他是个看重面子的人，你在自己团队以外支持他，除了能助他更有效地解决问题外，也向外暗示他是你的得力助手，他会因此得到鼓舞。
- 可以借着订立清晰的工作目标及晋升机会等因素，推动他奋力工作。
- 定期检查他的各项工作，以免他只花精力在受注目的工作上，而忽略了其他重要但并不起眼的工作。
- 若想让他改善工作或处事态度，只需简单地说出甚至暗示要改善的地方，善于揣摩别人心思的他自会主动修正。切忌痛斥，因他是一个十分爱面子的人。
- 让他在安全的环境下承认失败，因为他比一般人更难以接受失败。

当 4 号是你的下属时……

他的习惯性行为是……

- 穿着具有他个人的典型风格。
- 是一个具有真性情的人，他会老实地表达他的喜怒哀乐。同样地，他也要求别人对他真诚，对他坦白。
- 若你和他关系良好，他会很尽心尽力地为你工作。他也很懂得掌握你想要的是什么。甚至在很细微的工作上，也会为你照顾周到。
- 他做事的冲劲儿有点飘忽，有时会极有效率及充满干劲，有时则会心不在焉，精神散漫。
- 或会私底下当你是朋友般地看待及关心你，而且看得出他是出自真心，绝非奉承。
- 他喜欢你对他的欣赏是另眼相看，是与别人不同的。

- 和同事的关系颇极端，要么很好，要么极不融洽，爱憎分明。
- 当他的意见不被理解时，有时会显得不屑多作解释，有时又会雄辩，滔滔不绝地解释，极想你能明白他的意思。另外，他很容易把工作上的误解看得很个人化而导致心情低落。

你作为上司要注意的是……

- 感激他体贴地为你安排的小事，除了代表你留意他外，这也表示你重视他的付出。
- 他工作失准时，不要用批评的方式来责备他。要先关心了解他工作失准的原因，再去细谈怎样提升。4 号的人若工作失准是因为情绪问题，他必须先处理好情绪，才能冷静地解决问题。
- 最能鼓励及推动他努力工作的，绝不是金钱、升职等物质或名利上的东西，而是感激和欣赏他个人的本质，如真诚、热忱、才干等。切不可强硬地要求他工作，他是吃软不吃硬的。
- 要对他百分之百信任，不要怀疑他的为人和真诚的动机。
- 做事过程中，不要时刻监督及问长问短，一来他需要很专心，二来这代表你不信任他。
- “真”心对待他是最重要的，假装关心他在工作上的感受及需要，这比不关心效果更差。

当 5 号是你的下属时……

他的习惯性行为是……

- 少说话，多做事，做事深思熟虑。
- 较被动，通常被问到才会发表意见。说话也很简洁，一句起，两句止。一些重要的事情，如果你没要求他报告，他未必会主动提出。日常说话爱用例子，使他想表达的概念具体形象化。

- 性格倾向于独来独往，较少加入社交小圈子。
- 擅长搜集及分析资料，对技术性及讲究逻辑的工作表现出色。
- 做事恰如其分且按规则办事，不会做多也不会做少，也不会做出格的事抢风头。
- 提交的报告非常简洁及系统。一般会列出全部可能的方案，并简略道出利弊。有时用词可能会比较具有技术性或专门性，一般外行人可能不易明白。提交的方案，如需作决定，会倾向保持中立，很少一开始便建议他认为最好的方案。
- 要他回答突然的提问，他会显得不自在。他会要求待他研究分析后，肯定了才回答你。
- 不懂揣摩你的心意。你说什么，他便做什么。不会做事讨好你，说话缺乏圆滑。
- 如非必要，很少放假。对他来说，工作是分内之事，如放假会影响或拖累了其他人，更会尽量避免。

你作为上司要注意的是……

- 不妨给他机会发表对计划的整体想法，而不只是计划中的一个项目。他客观、立体、多角度的分析，可能有助你在策略上的构思。
- 多提醒他办公室的政治气氛，因他较易忽略这方面的因素。
- 给他清晰明确的工作方向。订立了目标后，便可放手让他独立思考及处理。因他较喜欢单独工作，让他独立处理，有预定的检查点便可以了。
- 尽量减少要他出席人多的应酬。既然他去了也不懂得融入，有时反而会令场面尴尬，倒不如让他专心做其他工作。
- 要他提交资料丰富的报告 / 计划书，你的要求要具体和实在，不宜空泛或讲感觉，并且给他足够的时间预备。如此他会较自在，也能给你满意的答复。
- 接受他爱独处的性格，不要勉强他与同事交往。他不善于跟同事亲密交往，并不代表他与同事的工作关系差。
- 要说服他在工作上作出改善，和他讨论时必须保持冷静，凡事讲“理”且符合逻辑，不要情绪化或大声喊嚷，因为那样不但不能使他改变，反而令他与你保持更大的距离，更难说服他。

- 以实际一点的激励（如加薪或请吃饭）去表扬他的工作表现，这比当众称赞他更能给他推动力。

当 6 号是你的下属时……

他的习惯性行为是……

- 忠诚，勤奋，尽心努力工作，坚守岗位。
- 不爱独自做一些出风头的事，很有团队合作精神。
- 提交的工作大多详细且资料丰富，但有可能会因关注的地方太多而缺乏焦点，也有可能因详尽而发掘出了一些新的角度或以往遗漏了的重点。
- 研究或讨论工作时，会倾向先待别人发表了意见才表态，较留意障碍、问题及负面的结果，会不自觉用很多“好……不过”等用语。
- 服从性很强，就算心里不信服，也很少反驳。但若属于“对抗恐惧型”，有时他可能会冲着你对抗及冲突。
- 业务上，较少有非常冒险的尝试或大胆的创意。
- 讨论有关他要改善的地方时，会显得自我保护色彩较重，很少会实时承认错误，独立承担后果。
- 当工作压力增大或繁忙时，他反而会一改平日犹豫不决的作风，变得做事很有效率。
- 做事按部就班、系统化及富有组织力，只要有清晰的指导，大都能有较好的工作表现。但相对来说，比较缺少创意。
- 在重要决定上，比较缺乏主见，需要由你为他做主。在执行过程中，也倾向依赖你的建议。

你作为上司要注意的是……

- 对他守信用。承诺过为他争取或答应要做的事，要言行一致，这样方可赢得他对你的信任及忠心。他需要时间与你建立信任。
- 让他详细了解你对工作的想法及目标，否则他会花很多时间去猜测你的动机和想法，反而降低工作效率。
- 多鼓励及欣赏他的小成就，这样能大大增加他的自信心和干劲。他最需要权威者的肯定。
- 不要取笑他过分忧虑或负面思想的性格，要善用他谨慎的态度，并发挥他深思熟虑的长处，来预测及管控工作上的潜在风险。

当 7 号是你的下属时……

他的习惯性行为是……

- 对于刻板烦琐的工作，他表现平平，精神较难集中，也容易分心犯错。但对于创意设计、提议新方案等事情上，通常表现得比较突出。
- 自发性强。有新任务时，除非是明显的棘手事件，否则大都表现雀跃，愿意接受不同的挑战。
- 不喜欢你有太多的主观限制。
- 缺乏耐性，做事粗心大意。但在压力下，做事反而会过度认真。
- 应变能力强，遇到需要紧急变化时，大多能随机应变。
- 跟你开起玩笑来，经常是没大没小，又喜欢插嘴，急于表达意见，不善于聆听。
- 他乐天开朗的性格，让他通常成为团队中舒缓紧张气氛的开心果。

你作为上司要注意的是……

- 多欣赏他的创意及自发性行为。给予赞赏和信任，能提高他的担当意识，激发他更认真地工作。

- 适当运用他的创意天分来为公司构想新生意或新理念。
- 他手上的工作，要提出明确的完成日期并说明其重要性，否则他大多会按照自己的喜好或以舍难取易的优先次序来做事。
- 善用他开心果的角色，可以帮助你打破同事间的陌生感，培养团队精神。
- 在接受他提出的精彩新计划或方案时，不妨客观地留意他在细节内可能出现的漏洞，不要被他精彩的演说吸引而忽略了其实际的可行性。

当 8 号是你的下属时……

他的习惯性行为是……

- 为人肯承担，属于他分内的事，他会很卖力并做得很出色。
- 很有主见，不喜欢别人教他怎样做，喜欢用自己的方法办事。有时会因意见不同而语气变得不客气或表现得很挑衅，甚至没大没小。
- 做事主动，勇于表达自己，决断力强，做事爽快，绝少拖拖拉拉。
- 喜欢为同事出面排解纠纷、维持公平正义。有时过分热心，会令别人觉得他有太大野心或太爱管闲事，有时候甚至连其他部门的事也干预。
- 默不作声时会显得很严肃，面对上司的态度也是一样。与同事的关系很极端，有些与他肝胆相照，有些与他却势不两立或互不相干。
- 当直接批评他的表现时，他的态度会很强硬，为自己辩护或显得忿忿不平，他属于吃软不吃硬的类型。

你作为上司要注意的是……

- 要保持互相尊重，欣赏他的能力，你敬他一尺，他会敬你一丈，建立信任及真诚的关系，才可与他合作无间，以权力压制或显示威权，只会得到相反的效果。
- 做他的上司要有威信及办事能力，绝不可只是惺惺作态。要表现你的实力，他才会臣服于你，甘心为你卖命。

- 对他的工作表现给予意见时，要表现得不偏不倚，容许他有足够的空间和时间去抒发他不同的观点、想法，最好能以事实加以说明，以便令他信服。切记他吃软不吃硬且最要面子。
- 讨论工作时，多尊重他的意见，重视他有能力的地方。
- 刺激他有更好工作表现的最有效方法是信任他，赋予他一些作决定的权力，或给他一些具有挑战性及新鲜感的工作，他必然会越战越勇。给他太简单的工作，会使他变得心不在焉，丧失热情和动力。

当 9 号是你的下属时……

他的习惯性行为是……

- 他是一个默默工作及要求不多的同事。
- 除非团体气氛和谐及包容性强，否则他很少主动表达意见及讲话。就算表达意见，他的方式也比较隐晦，特别是当他和别人意见不一，或话题有可能引起冲突的时候。
- 与各种性格的同事都能相处得十分融洽，是一个很好的团队成员。
- 除非是一些重复及常做的工作，否则工作速度会比较慢。
- 做事无法集中精力，偶尔有点松散。但他是绝对老实的，所以不会离开工作岗位偷懒，除非受别人的影响。
- 假如没有明确的工作流程或明确的优先次序，当工作有变化及要求迅速反应时，他会表现得失去方向。为了逃避压力，他会倾向处理容易但不紧急的工作来暂时减压。
- 很会调节自己，让自己融入团队的文化中。倘若加入了一个比较懒散的团队，他也容易变得懒散。相反，若身边的同事都积极勤快的话，他也会变得积极勤快。总之，永远都跟团队整体表现看齐，不会让自己过分突出。

- 当压迫他做一些与他理念有冲突的事时，虽然他未必会提出抗议，但会阳奉阴违、拖延或不行动。

你作为上司要注意的是……

- 要注意给他清晰的工作指导，让他明白事情重要的先后次序，这样他会有效率地把事情办妥。
- 鼓励、嘉许比施压更能令他提升工作效率。
- 只要让他知道你信任及欣赏他的能力，他就会忘我地为你尽心工作。
- 征询他的意见，一定要给他耐性及时间，多番鼓励他继续回答。例如，“你还有其他意见吗?”“除了这些，还有别的吗?”当他觉得自在时，他会有很多不同角度的意见提供给你。

第六章

如何与各种性格类型的伴侣相处

当 1 号是你的伴侣时……

他的习惯性行为是……

- 对伴侣一旦许下诺言，便会忠心耿耿。一般对家庭都很有责任感，非常照顾家庭。女的持家有道，男的对家庭经济很有承担。1 号的伴侣会用“尽心做好家中的任务”来表达对伴侣的爱。
- 会与伴侣产生比较心，会因对方条件较好而产生自卑感或压力。若情况相反的话，便会视对方的成长为己任，经常督促对方改善自己。
- 不懂得用甜言蜜语称赞对方，或许会忽略生活情趣。
- 对伴侣太过专注，所以非常紧张他的一切。对于一些习惯和行为，只要自己认为是正确的，就会要求对方同样做到和遵守，有点家长式的色彩。
- 对伴侣细微甚至不经意的批评都十分敏感。无论这些批评是好的还是坏的，都会记住。
- 很少说出自己的需要，认为伴侣根本就“应该”知道他的需要。另外，也害怕说出来会被拒绝而深化他“不够完美，因而不值得被好好对待”的深层伤害。

你作为伴侣要注意的是……

- 认真地实践你对他许下的诺言，诚信和对他诚实是非常重要的。任何错误都是“坦白从宽，抗拒从严”。
- 不要忘记他最喜欢和最讨厌的是什么。倘若连这些最基本的应关注到的也做不到，不只代表你对他不够关心，更代表你做“错”了事。
- 日常生活中要讲究整洁，做事有条理。用完的东西要放回原位，衣履不应随处乱放。和他约会，要努力避免迟到。
- 对他真诚相待，多提醒他本身的价值，多鼓励他表达内心的感受。不要以为他表现得很独立和能干，就忘记了关心及支持他。要常常提醒他切勿只顾工作，忽略了自己的身体健康。

- 当他主动向你诉说不愉快、伤心和愤怒的事情时，要细心聆听并鼓励他宣泄压抑已久的情绪。1 号觉得诉苦、埋怨是不对的行为，所以必须得到鼓励，才会放心释放自己，让自己松绑歇息。当他诉过苦后，自然会重新振作起来，然后去做正确的事。
- 体谅他对你过分严谨的态度是出于好意，绝非故意刁难。若他太过严谨，可用幽默的回应让他轻松下来，这样可避免与他争执或产生冲突。
- 当大家意见有分歧或冲突时，多留意他的眼神和面部表情。如果那一刻他的眼神中充满火气，那就不是恰当的沟通时机。

当 2 号是你的伴侣时……

他的习惯性行为是……

- 一切都以对方为重，除了细心、无微不至地去照顾对方外，也会不惜改变自己，融入对方的生活，学习对方喜欢的东西，建立共同兴趣，努力成为伴侣心目中梦寐以求的情人。但可能会因太依从对方而失去自己原本的特质。
- 爱屋及乌，连对方的家人、朋友也会照顾得很周到。
- 时刻想和对方在一起，很需要感觉你很着急及重视他，也需要你欣赏他为你所做的一切，有时也很依赖。
- 常常会制造罗曼蒂克的气氛，让二人经常沐浴在爱的气氛中。
- 不直接表达自己想要什么，常以间接的方式暗示。
- 偶尔也会很情绪化，埋怨对方不够体贴关心他或不懂得感激他的付出等，以致令对方产生内疚感。
- 或会过分干涉或操控对方的行为，认为自己为对方付出了那么多，所以有权知道或干预对方的事。

你作为伴侣要注意的是……

- 要细心留意他细腻的需要，并主动为他打点。他会期望你不用他说出来，也能察觉他的需要。你能满足及了解他的需要，他会感到很甜蜜满足。
- 在说话和行动上多表达你对他的爱，如对他说你很爱他及重视他的话、多给他点亲昵的表现或特意地为他准备一些有新意的小礼物等。
- 让他知道你爱的是他这个人本身，而非他“付出”的行为。说明不会因他也有需要，便会觉得他麻烦而离弃他，要鼓励他多发掘自己的需要并说出来。
- 多鼓励他表达自己的想法及喜好，不必过分委曲自己来迁就你。
- 让他明白，就算大家深爱对方，也需要各自给自己留一点私人空间和时间，不可过分干涉对方。

当 3 号是你的伴侣时……

他的习惯性行为是……

- 懂得怎样表现自己来令自己在对方面前更具吸引力并取悦对方。
- 容易因过分投入工作而忽略了家庭及伴侣，但常会为家人安排各式各样的活动，“做”很多的事来尽心演绎一个完美伴侣及家庭里应有的角色。
- 每次当他获得成功或为自己订立了一个新的目标时，会显得很兴奋，也需要伴侣给予肯定和共鸣。
- 在你朋友或家人面前表现得体和尊重你，让你在别人面前很有面子。
- 喜欢在人前展现出美满幸福的关系，营造一个幸福伴侣或家庭应有的模样来惹人羡慕。
- 嫉妒心及比较心很强，当伴侣和另一个异性投契地交谈时，或会忍不住有意无意地在那人面前把自己较优胜的一面表现出来，来把对方比下去。
- 当 3 号放假闲在家中时，他可以与平日精明的形象有很大差别，他会放松自己，做事随心、被动及没什么计划，傻乎乎或随意散漫等。

- 不善于关心对方感受，对待感情问题也像解决工作上的问题一样。反应是尽快思索如何作出改正的行动，想的是要“做”些什么。会以积极及正面的“行为表现”去逃避面对情感困扰所带来的凝重气氛。例如来一趟说走就走的旅行，而非大家冷静地坐下来，认真地敞开心扉，坦然沟通及面对彼此间的感情问题。
- 不善于和伴侣真心交流，害怕太亲密的情感关系。一来他没有好好地了解自己的情感来与对方分享。二来怕形象背后真实的自己会很逊色，害怕对方窥探出他的空洞内涵，令他在伴侣面前无所遁形。

你作为伴侣要注意的是……

- 要感激及欣赏他为取悦你及对家庭付出的种种努力。
- 当他蛮有信心兴奋地说出他自己的目标时，不要给他浇冷水。如果想提醒他不要太过洋洋得意，也须婉转地说。
- 不要过分寄希望于他有很多时间陪伴你。最好自己培养一些兴趣或安排活动来打发日子。
- 用温柔体贴的态度来提醒他要注意放松自己，要注意健康，不要过分忙碌而让自己操劳。
- 不要经常为他在周末安排太繁多的活动或运动。要鼓励他多休息或多接触大自然，放松自己，忘却工作。
- 支持及提醒他多留意自己内心的感受。当他疲倦时，让他有一个清静的空间独处、安静和沉思。有需要时，可从一旁温柔地鼓励他，让他慢慢抒发内心的感受。
- 让他知道你爱他，并不是因为他有多了不起的成就、学识或地位，而是因为他本身具有的价值。

当 4 号是你的伴侣时……

他的习惯性行为是……

- 善于营造浪漫气氛或做贴心的事令对方感动。渴求深层次的沟通及分享。
- 感情丰富，情绪变化很快，说到伤心或兴奋的事时，可以很快便哭或笑个死去活来。很需要被理解，如被误解会发很大的脾气。
- 看似需要很多私人空间，但实际上又需要对方给予很多的关注。需要伴侣很重视及珍惜他。相反地，4 号未必会对等地为对方付出相同程度的关心。
- 非常敏感。发生很小的事也会令他情绪大起大落，作为伴侣有时根本就不明白究竟发生了什么事。
- 过度的自我令他重视他自己的感受多过伴侣的感受。
- 经常表现出“推拉”的关系。对你的态度有时会忽冷忽热。热情的时候，他可以把你“拉”回身边，将两个人溶化在浓烈的甜蜜关系中。但冷淡的时候，他也会“推”开你，变得不耐烦并想让你离开。
- 有心事时，他会默不作声，问也未必回答，表现得很孤独，好像对你的关心一点也不领情。
- 很懂得体贴、细心地关心及照顾对方。很能感受伴侣的忧伤心情，与他分担及支持他。
- 家中的事项，他会跟随自己所想而独断独行。

你作为伴侣要注意的是……

- 欣赏及感激他为你所做的一切，特别是细微的照顾。
- 当他情绪激动时，多聆听他的感觉，即使真实的情况未必如他设想的那样夸张，但也不要否定他感觉的真实性，因为那种感觉对他来说是很实在的。多给他一点正面的想法，带他离开过度负面的想法。

- 不要强迫他认同你的看法，容许大家有不同的观感。
- 接受他较低的行动力，不要强迫他与你的节奏谐调。
- 多些包容，减少批评。他对批评很敏感，并且极易受伤害。
- 接受及包容他经常出现大起大落的情绪，给他安全的空间去表达及抒发他的感情世界。
- 要保持中立、冷静，不要和他一起跌入起起伏伏的情感漩涡中。学会不要被他影响情绪。
- 当他心情很坏的时候，不要追问他发生的事情的细节，或企图给他意见。你只需静静地、一言不发地在他身旁照顾他，让他感受到你对他的关心，然后给他足够的空间，这就是最佳的支持与安慰。此时，不要期望他对你有回应，他可能太沉溺在自己的情绪内。
- 切忌在任何情况下拂袖而去，遗弃并丢下他一个人。这种被遗弃的感觉会加深他的深层原始伤害。

当 5 号是你的伴侣时……

他的习惯性行为是……

- 很难听到他们对你说一些甜言蜜语或主动向你作出亲密的接触。一般 5 号都比较被动，反过来却喜欢你对他主动表达亲密爱意。
- 很少询问对方的感受并给予支持，也不懂得分辨你细腻的感情变化。
- 不太懂得享受惊喜的安排，觉得没必要和浪费金钱。
- 爱静及少说话（除非是他热衷的课题），爱独处多过与你在一起。和你在一起时，也大多书不离手。
- 不喜欢参与你和朋友的聚会，就算参与，通常也是一言不发地坐在一旁或借故离开，不懂得投入或与人谈天说地。

- 不会主动介绍你给他的朋友、同事认识。
- 不太理会家中一切琐事，如有什么缺乏、混乱或破旧，也不会留意到或主动处理。

你作为伴侣要注意的是……

- 多给他一点私人空间，因为他的思维是他最享受的安乐窝。他的逃避并不代表对你失去兴趣。
- 可以的话，投其所好，一同参与他研究的课题，或至少略懂一二，这样可与他有一丁点交流，因为他实在太难找到同道中人了。
- 细心照顾他的日常生活，因为在他眼里，衣食住行等事情比起研究太不重要了，所以容易忽略。
- 可以对他亲密一点，虽然他难于表达这些情感上的需要，但渴望伴侣亲密对待。
- 很希望你欣赏他知识上的才华。
- 意见不合时，切忌吵闹或情绪太激动，这样只会令他更退缩并隐藏自己，变得更麻木。凡事应以“理”相劝，态度要冷静、客观。
- 接受他外表或装扮上的平凡普通，不要强迫他紧跟潮流或刻意打扮。
- 除了家中的重要决定外，其余小事其实无须事事问他意见，因为他根本就不在乎，也没有兴趣参与其中。
- 鼓励他多以行动来亲身体验生命，而不是总在思想中漫游。
- 提供一个安全的环境，让他可以尝试体会自己的内心及别人的感受。

当 6 号是你的伴侣时……

他的习惯性行为是……

- 是一个很忠心的伴侣及支持者。忠心的 6 号会把伴侣放在第一位。
- 对家庭很尽责，忠诚、勤俭及循规蹈矩。
- 对伴侣非常依赖，很想让伴侣经常和他在一起。但又讨厌被控制，有时自己很矛盾。

- 经常会怀疑伴侣对他的爱是否真实，要伴侣很多的肯定才能相信，偶尔会测试伴侣的忠诚度，喜欢以发问来寻求真相和安全感。
- 会胡思乱想，揣测伴侣行为背后的意思，猜想他在暗示些什么。因此，容易小题大做，发生争执，情绪失控。
- 若伴侣有很明确的目标及理想，愿意成就伴侣而放弃追求自己的理想。
- 很怕失去安全感，就算关系深厚，也很害怕暴露自己脆弱的一面。
- 想明确地知道对方的一切，希望对方能详尽地告诉他，最渴望对方能彻底剖白内心世界并与他分享，有时会显得很有操控欲。
- 容易妒嫉及小气。很情绪化时，说话容易讽刺挖苦。
- 他喜欢脚踏实地及安定的生活，万事都希望能稳定地发展，不爱大起大落的生活。

你作为伴侣要注意的是……

- 凡事对他坦白，不要有任何事隐瞒他，行为要和所说的一致，否则会引起他的疑心。
- 多肯定你对他的爱，他需要你很多的肯定才能安心。
- 对他要有耐性，包容他的犹豫不决及多疑，不要取笑他或认为他的顾虑是多余的。
- 经常真诚地嘉许他的优点及大小成就来增强他的自信，支持及鼓励他勇敢地付诸行动，而不是总留在思想中挣扎，顾虑后果，不采取行动。伴侣的支持和认同对6号是很重要的，能给他力量和信心。
- 多陪伴他一同参与轻松的活动，来纾缓他忧虑及紧张的情绪。他喜欢结伴同行、共同进退、团结一致的感觉。

当 7 号是你的伴侣时……

他的习惯性行为是……

- 他会挖空心思，安排很多新奇好玩的活动来逗你开心，生活上会有很多情趣。同样地，他也希望你会这样做。他需要这些来纾缓紧张或沉闷的关系和生活。
- 喜欢你懂得欣赏他的头脑灵活、敢于创新、风趣幽默的新奇主意。
- 他不喜欢你诸多限制、约束他的自由或控制他生活上的选择，若你以吵闹威胁他，只会令他更厌恶及抗拒你。
- 容易因伴侣不能配合他的生活节奏或表现得过于负面而感到不耐烦。
- 当心他也很容易被新认识的异性所吸引。
- 他朋友很多，经常有很多聚会。也会偶尔渴望独处，争取个人空间。

你作为伴侣要注意的是……

- 不要太黏身或企图操控他，多给他一点个人空间让他恢复元气和整合身心，只要他知道你给他自由是因为爱他、包容他，他会很感激你的体贴和谅解，反而他有机会会反省并多多陪你。
- 他很需要你的信任来支持他对你的承诺。对待他要像对待一个长不大的反叛顽童，他是绝对的吃软不吃硬，要用温柔的方法软化他，一般打打闹闹及唠叨不停的方法，只怕会让他离你越来越远。
- 提醒及指出他们的问题时，切忌用批判字眼，要尽量温柔及真诚。
- 多主动表达你的心声，否则他会忘我地投向自身，只顾及自己的感受，无意间忽略了你。
- 多鼓励他说出内心不愉快的感受，帮助他勇敢地面对想逃避的问题。
- 给他空间来面对他许下一生的承诺，对于 7 号朋友来说，要放弃所有将来选择的机会而专心一意地爱一个人，他必须穿越莫大的深层恐惧。

当 8 号是你的伴侣时……

他的习惯性行为是……

- 肯承担家庭责任及保护伴侣，但有时因身边的朋友太多，因而未必能经常陪伴你左右。
- 很懂得为伴侣及家庭谋划长远目标。
- 对伴侣很慷慨，会毫不吝啬地赠送礼物以表达爱意。
- 讨厌伴侣的约束及啰嗦，相反地他却有颇多的约束及规矩给对方。
- 率直且脾气大，冲突时会无节制地大声争辩，不肯认输，也容易忽略对方的感受。但事后又像没事人一样，视这种行为为大家互相沟通的方法。
- 很专注自己个人的需要，对伴侣能否配合或喜欢与否不敏感。如果伴侣不主动提出要求或反对的意见，他会继续按自己喜好行事。他会觉得凡事都应自己负责任，不喜欢就应该自己争取，没有反对就等于认同或妥协，不可埋怨别人。
- 态度僵硬，很少表现柔情、感性的一面，不擅长说甜言蜜语及令人暖心、体贴的话。
- 受伤害时不会示弱或表示出需要别人呵护，因为他怕表现软弱会让别人觉得他容易欺负。
- 要求你绝对忠诚。在关系上，他坚持“一次不忠，百次不用”的信条。

你作为伴侣要注意的是……

- 欣赏他的勇敢、能力及正义感，真心地尊重他。
- 要他了解你的需要，最有效的方法是直接沟通，因为他大多时候粗心大意，未必能注意到你的暗示。
- 凡事对他坦白，切忌有事瞒着他。他最讨厌别人不光明磊落，在他背后做隐瞒欺骗他的事。

- 以实际行动让他知道你是重视他的。他注重的是很实在的体验而非空谈的甜言蜜语。
- 切记他属于吃软不吃硬的类型，冲突时你要保持冷静，待他情绪缓和下来时，才可平和地与他沟通及表达你的意见。他是最爱面子的，你要尊重他并给他台阶下。
- 不要过分介意他发火时说的气话，他说了也只是为了逞口舌之快而已。
- 若你想让他为你做一点事，切忌像命令般吩咐他按照你的意思做。因为一向爱面子的他，会觉得听你吩咐行事会有损他的尊严。相反地，你只需有意无意，以很盼望的语气表达你的需要，例如，“我很想有人能怎样怎样地看待我呀……那样就好啦！我会很开心和感动的！”如果他听到或知道这样做对你是重要的，他暗地里会尽量去满足你。
- 当你反对或不同意他的意见时，切忌以挑战或挑衅的方式表达。应改用不明白或想问清楚的语气，例如，“你的意见很好呀！但如果是……，你有何看法呢?”
- 让他知道在你面前表现得无论是坚强还是脆弱，都是绝对安全的，不会被耻笑及轻视。记住，他虽然对别人的感受不敏感，但对他自己的感受是很敏感的，非常容易觉得受到伤害。

当 9 号是你的伴侣时……

他的习惯性行为是……

- 是一个十分迁就你喜好的伴侣，会陪你做你喜欢的事。
- 非常支持伴侣追求理想，也会同化自己，以伴侣的理想作为他的理想。
- 凡事都缺乏主见。你问他意见，他通常只回答“无所谓”“你决定吧”“不知道”等，最想由你帮他决定。
- 比较被动，经常表现得懒洋洋的，最爱睡觉和看电视、影碟等。
- 很少会主动做一些事或说一些甜言蜜语来讨好你。同样地，不会对你刻意准备的花招有太大的反应。所以，一起生活的日子会比较平淡，缺乏激情。

- 平时很少或几乎不会发脾气，但偶尔也会发一次很大及很突然的脾气。
- 彼此意见不同时，很少会与伴侣争执。常以多一事不如少一事的态度，避免引起任何变动。偏好“惯性”模式的他，很难放弃一段感情关系。
- 对不喜欢做的事，他不会正面提出反对，但会拖延或阳奉阴违。有时候会很顽固，无论用什么方法，也不能让他说出他的立场或他立场背后的原因。
- 他特别希望能与伴侣经常形影不离，长相厮守。他的被动会令你觉得他过于依赖。

你作为伴侣要注意的是……

- 鼓励及支持他做自己喜欢的事。就算你不同意，也要由衷地尊重他，不要批评或以你的观点去影响他，否则他会更难踏出属于自己的第一步。
- 要令他开心，不需要过分夸张，只需要陪伴着他，和他一起休息或作舒适悠闲的活动便可，如看电影、吃一顿可口的晚餐等。
- 不要强迫他去面对自身的问题。比较有效的方法是多鼓励，以及和他并肩分担、面对问题。团结背后带给他的力量，能推动他向前及作出行动。
- 他不开心时，鼓励他说出来。要是他真的开始诉苦，要专心聆听，不要急着给出意见，唯一要做的就是鼓励他再多说些。点头、聆听、再聆听，你过分给予他解决及行动方案，只会令他感到压力，下次有问题他也不想再向你倾诉了。要知道，要他把事情说出来，对他来说已经很累，需要无比的勇气，再要他作出“一定”的行动，只会令他在未准备好的情形下感到吃不消。
- 欣赏他的善良、平和，了解他“好像无主见”的背后，其实是他正在包容别人的一种方式。多给他点儿耐性，就算他没有意见，也不要忽略他的需要。加倍留心他比较隐晦的要求，以不带压力的语气去了解他真正的意见及需要。
- 协助他作决定，最有效的方法是提议他剔除不合适的选项，作出自己最喜欢的选择。

第七章

如何分辨相似的性格类型

分辨 1 号和其他的性格类型

1 号与 2 号	但其中有所不同的地方是……	
相似的地方	2 号	1 号
● 工作勤奋认真，但会忽略自己的需要。	努力是为了想与别人建立良好的关系。喜欢谈及他成功建立的良好关系。倾向表达自己的情感，尤其是令人愉快的情感，但心中有不满时仍忍气吞声。	努力的动机是为心中理想的准则。喜欢讨论需要改善的事情。倾向有保留地表达自己的情感，尤其是令人愉快的情感，但心中有不满时会生气或不耐烦。
● 喜欢关怀别人，知道什么是对别人最好的。有喜欢为别人服务的感觉。	关怀别人的出发点是想和对方建立良好的关系，把自己的付出看成有私人感情的成分。比 1 号更没有保留地付出，会改变一下自己以迁就对方，甚至会放弃不太关键的原则。“对人不对事”。	关怀别人的出发点是自己做人的标准，方法是根据自己的原则而定。比 2 号有保留地付出，不会放弃自己的原则而迁就对方。“对事不对人”。

1 号与 3 号	但其中有所不同的地方是……	
相似的地方	3 号	1 号
● 自信，喜欢激励别人。	风格较为夸张，以便吸引别人注意，获得赞许。激励别人时多数是为了推动别人，帮助他完成目标。	风格较为踏实且带有说教的意味。他总认为自己那一套对别人是最好的，为了“想别人好”而激励别人。
● 能干，要求自己不断进步。需要做事时，会将个人情绪暂时置之不顾。	受目标驱动。为的是完成目标后得到成功。善于有弹性地变通、改变策略，有时候甚至会取巧或不按规矩行事。最关心的是能否最快获得需要的结果，不太关心过程中的细节。善于控制自己的情感，内心纵有不满也可轻易隐藏。	受准则驱动。要完成计划的目标，更要依循心目中的准则行事。相对缺乏变通的弹性。也会关心“如何”完成目标。认为自己的方法是最好的。一般会一件一件事来做，想快也不会操之过急。若有不满时还是会生气。

1号与4号	但其中有所不同的地方是……	
相似的地方	4号	1号
● 理想主义者，致力改善自我，达至完美。敏感，凝聚内在情绪。	理想化围绕于那些能令他得到深层满足感的事。强烈渴求这种自我满足感，有时候甚至流于自我中心，凝聚郁结的情绪，并意识到自己的浓烈情感。	理想化围绕于要实现他内心的准则和“矫正错误的事情”。比较克制自己的情感，可以说实现“准则”比其他任何事情都重要，包括自己的情感。
● 对环境及别人要求很高、很精确。达不到他的要求时，常会因此受困扰，表现不耐烦及易怒。会让别人觉得他很挑剔。	挑剔别人没有意识到他的敏感。如果别人不够细腻、对人做事也流于粗糙或觉得别人不欣赏他的深度或创意，他会产生怨愤的情绪。通常会冷漠地对待对方，不愿意进一步沟通。	挑剔别人效率低或不能依照互相同意的程序或原则做事。为此会容易表现不耐烦，甚至生气。对看不顺眼的事情，会积极地表达自己的意见，指出对方不对的地方。

轻松自在的4号：会像1号那样，较为理性。能超越自我，为追求外在环境和更高的理想而努力。也会因为要求精确而爱批评人。

受压的1号：会像4号那样，更多地关注自己的需要，显得较自我，有时表现得有点儿情绪化。

1号与5号	但其中有所不同的地方是……	
相似的地方	5号	1号
● 客观，思路清晰，知识丰富。	会理解和思考一些纯理论化的知识和概念，不论是否对现实生活有实际作用。他想理解这个世界是怎样运作的，对人为制定的原则不感兴趣。归纳性思考：不断地探讨和反思设想，有时候会有新的发现和见解。不健康时，会越想越迷惘，下不了决心。	比较关心和思考那些对现实生活有实际作用的知识和事情。思考的重点是制定规则和程序，以应用于特定的情况。推论性思考：基于他认为对的准则来思考或判断事情，等于一开始就认为自己的设想是对的，较难有新的见解。不健康时，会更自以为是和武断。
● 外表理性，不涉及个人情感。	抽离自己的感受，即自己意识不到感受。这是为了保护自己和保存能量。不但抽离自己的感受，也抽离与外界和别人的互动。	虽然外在不涉及个人情感，但其实是凝聚在内。不会抽离自己，会保持与外界和别人的互动，希望借此来影响别人以达到其准则。

1号与6号	但其中有所不同的地方是……	
相似的地方	6号	1号
● 尽忠职守。抗拒别人不守规则。	关注的是自己在团体中的地位。过分尽忠职守有时会走向两个极端：依附或反对该团体。抗拒别人不守规则的动机是为求“安全稳当”，觉得不守规则会破坏他致力建立的稳定性。	原动力来自要做“对”的事，而尽忠职守是对的。不会走向依附或反对团体的两个极端。抗拒别人不守规则的动机是基于“对错”的问题，觉得不守规则就是不对。
● 谨慎，紧张。重视道德准则，达不到准则时会自责。	为了预防可能发生的问题，而要搞清楚最差的情况，所以有谨慎和紧张的情绪。紧张的情绪是焦虑的、犹豫不决的，而且能自觉有此情绪。情绪不受控制时，更会诚惶诚恐、怀疑。整体来说，行为比较不可预测。自责多数是来自不能完成对权威或盟友的承诺。	为了达到最理想的目标，而要弄清楚可能出现错误的地方，所以有谨慎和紧张的情绪。紧张的情绪来自自我克制或是不近人情地要求完美，但通常是不自觉地有此情绪。不会犹豫不决，反而会很自信。情绪不受控更会自以为是和容易发怒。整体来说，行为比较一致。自责的原因很多，不只限于与权威或盟友的承诺有关。
● 喜欢挑剔错处、小毛病。	别人的错：倾向知道了也未必告诉别人，怕引起别人的反感和敌意。 自己的错：倾向不想承担责任，因为内心觉得自己也是受害者，这样做是因为感到危险，想要保护自己而不是想攻击别人。	别人的错：很愿意告诉别人，让别人有机会提升和改善自己。 自己的错：会认真地自责，觉得需要承担责任。

1号与7号	但其中有所不同的地方是……	
相似的地方	7号	1号
● 情感热切，乐于助人。	假如帮助别人能令自己快乐点儿就帮助，但不会有很大的动力想改变别人的价值观或行为。社交方面，待人接物很自在，与别人交往较自然。	为了做对的事情而帮助别人，甚至想改变别人的价值观或行为。社交方面，对于自己要为适应场合作出的行为，会感到有点不自在。
● 理想主义者，追求更好的状况。相信凡事靠自己。	追求的理想大多与自己的快乐和享乐有关，有点享乐主义者的味道。过分乐观，鲜有忧心的时候。有压力时，也不忘享乐减压，抗拒有人限制他的自由。对时间的概念浮动不定，喜欢自由地跟随自己的想法改变计划，因此专注力较低。另外，即使有失望，也只会非常短暂，因为不想停留在这种感觉中，会找些借口抹过去，或者被新的创想吸引而忘记失望。	不太追求快乐，有点孤独抗争者的味道。追求的理想是比较伟大及崇高的，如争取为下一代建立优良的教育制度等。偶尔会显得为担心不能达到理想的标准而忧心忡忡。会抑制自己要享乐的需要，愿意牺牲自己的自由以达到目标。较难接受新的想法，有较严谨的时间表，由于他通常会预先小心计划，所以不喜欢改变计划，因此专注力较高。有失望时，会在心中忿忿不平较长的一段时间，或是坚持抗争到底。

轻松自在的1号：会像7号那样。将自己从责任中解放出来去追求快乐，甚至有时只求个人快乐。
受压的7号：会像1号那样，严谨认真，因而注意力能集中起来，能完成已经承诺的责任。也会因为要求精确较多地批评人。

1号与8号	但其中有所不同的地方是……	
相似的地方	8号	1号
● 追求公平，伸张正义。	在问题发生时，才会作出反应，挺身而出，争取公平。表达方式比较激烈，带有愤怒和威胁地去争取公平，多数是为了他认定的“自己人”（例如下属、亲友）。一般而言，做事比较冲动，手起刀落。事情完结后，便觉得已经了断，并能迅速且自然地从事情中抽身。容易放松玩乐。	平常没发生问题时，就已主动考虑如何公平地执行计划，怎样才是适当的做法或标准等细节。争取公平时，先会尽量抑制自己的怒气，细说道理，到忍不住时才会发怒。不会只为他的“自己人”争取公平。一般而言，做事有系统，深思熟虑。事情完结后，也会较多地自我反思。较难放松玩乐。
● 主观且有自信，直接表达，是行动型。	用个人坚定的信念来影响（或命令）、控制别人。“我不管这对不对，总之这是我的看法。你就要这样做！”有时候会让别人感到惊讶，但他不在乎别人对他的看法，不介意别人认为他不讲道理。反过来，如果别人要求他遵守某些规则，不管他认同与否，也会抗拒别人把规则强加在他身上。	用个人认为对的准则来改变别人。“这样才是对的。你应该这样做。”尽量让别人觉得他有道理。反过来，如果别人要求他遵守某些规则，倘若他认同这些规则是对的，他也会遵守。

1号与9号	但其中有所不同的地方是……	
相似的地方	9号	1号
● 觉得稳定、有规律是好的。可以默默耕耘，努力工作。	如果环境或别人要求他努力工作，为了避免冲突，他会顺应别人的要求，但仍会安排自己休息的时间。	主动地为达到理想的准则而努力。会因过分努力，难以安排自己休息的时间。
● 喜欢照顾别人的需要，忽略自己的需要。	出发点是建立和谐的环境和关系。有需要的话，会改变自己来适应别人，但绝不会积极地主动改变对方，因为这样做会与别人产生冲突，尤其是与他感情深厚的人，例如亲友。	出发点是要遵守自己的准则和为了对方好。不会改变自己的原则来迎合别人，会说服别人接受自己认为对的准则。必要时会坚持己见，也不会逃避冲突，就算是亲友也没情分可讲。“事实就是事实！”

分辨 2 号和其他的性格类型

** 2 号与 1 号的分辨，请参阅第 208 页。

2 号与 3 号	但其中有所不同的地方是……	
相似的地方	3 号	2 号
● 能干是为了得到别人的赞许。	他要得到的赞许是公开的，喜欢受到四周的人注意及欣赏，喜欢独领风骚，站在第一位，做最前列及最有光芒的一个。能干是为了完成目标或任务进而得到赞许。喜欢谈及他成功完成的目标。	他最想得到的赞许是来自他正在为他卖力的那位，想要的可能只是一句衷心感谢的话，只要感激认同他的重要性便可。他喜欢在幕后效力。表现能干是为了成就他人，讨好他人，进而得到感激或赞许。喜欢谈及他成功建立的良好关系。
● 可将个人情感需要置之不顾，喜欢表露令人愉快的情感。	一切都是为了完成目标，甚至不介意破坏与别人的关系。自信心强，即使有人不欣赏他的努力和作风，只要最终能得到成功及赞许也不会不开心。对自己及别人的情感需要同样也不敏感。	一切都是为了与别人建立良好的关系，甚至可以放弃自己某些原则或目标。假如别人不欣赏他的努力，会感到委屈、不开心。虽然对自己的感受不敏感，但对别人的情感需要很敏感。

2 号与 4 号	但其中有所不同的地方是……	
相似的地方	4 号	2 号
● 情感热烈。关注自己在人前表现出来的形象。	习惯性地表现自己真实及独特的一面。不那么热诚待人，不一定喜欢接近人群。关注的焦点是自己，特别是自己的感觉，也不介意流露忧伤的情绪。	习惯性地表现自己乐于付出的一面。主动地热诚待人，喜欢接近人群。关注的焦点是别人的情感和需要，不会流露负面的情绪，倾向表达令人愉快的情感。

● 情绪经常被人际关系的好坏影响。	不一定致力于与别人建立良好的关系，常处于自相矛盾之中。关系太好时会倾向把关系推远，太疏远时又想把它拉近。方式也不限于积极主动，反而多采取“以退为进”的方法。不愿意改变自己（例如价值观）来迁就对方。会因为别人不欣赏他的“独特”而感到失望。	不断致力于与别人建立良好的关系，希望别人能喜欢及需要自己，方式以“步步靠近”为主。毫无保留地付出，会改变自己来迁就对方，甚至会放弃不太关键的原则。会因为别人不欣赏他的“付出”而感到失望。
轻松自在的 2 号：会像 4 号那样，多关注自己的需要，甚至有点情绪化。 受压的 4 号：会像 2 号那样，多关注别人的需要，甚至有点迎合别人。		

2 号与 5 号	但其中有所不同的地方是……	
相似的地方	5 号	2 号
● 忽略自己的感觉。	忽略自己的感觉是因为已抽离了对所有人的感觉，包括对自己的。动机是避免被不受控制的情感所伤害。但对于一些其他方面的需要，他是不会忽略的，例如给自己足够的空间、时间及储蓄。2 号偏好的热烈感情，5 号面对时会感到慌张。除非 5 号要把感情当作一个课题来研究。	忽略自己的感觉，但不会抽离对别人的感觉，反而很敏感别人的需要。动机是不想让自己变得依赖、不讨人喜欢及让自己有更多时间专注于向别人付出。除此以外，也同时忽略自己的其他需要。5 号偏好的复杂理性概念，2 号面对时会感到慌张。除非 2 号要用那些概念或知识付出给他重视的人。
● 非常关心他所重视的人，害怕他们疏离他，容易感觉被他们伤害。	虽然抽离对所有人的感觉，但是对于他所爱及重视的人，他会加倍珍惜与他们的关系。但是也只会间断地关心他们，他仍然需要不少的空间和时间去独处。	会持续地、源源不绝地向他所爱及重视的人付出关心。

2号与6号	但其中有所不同的地方是……	
相似的地方	6号	2号
● 害怕搞砸事情时，会感到焦虑。	能意识到自己的焦虑，而且不停地设想最差的情况。很焦虑时会犹豫不决，难下决定。经常向有权威的人请教。	不太意识到自己焦虑，也比较乐观，很少会不停地设想最差的情况。很焦虑时也能下决定。比较自负，一般不会向有权威的人请教。
● 对人友善，甚至会讨好别人，令别人认同或喜欢他。	对人友善是为了大家友好相处时，能获得安全感，在别人的支持下可加强自信心，但不需要自己成为不可或缺的人物。讨好的对象大多只是有权威的人。付出也会较为谨慎而有所保留，所以表现出来有点矛盾，习惯以带点轻松搞笑的态度来讨好别人。太过谨慎时，会变得犹豫不决，自相矛盾，自己也能意识到这些焦虑。	对人友善是为了能获得别人信任，自己的价值能得到别人认同，从而可靠近并向他们付出，令别人觉得他是重要或不可或缺的。讨好的对象比较广泛，有点渔翁撒网的味道。付出时通常没有保留而且主动，习惯以关怀照顾别人或是给别人忠告的方法来讨好人。情况恶化时，会倾向于暗里操控别人，而自己又意识不到。

2号与7号	但其中有所不同的地方是……	
相似的地方	7号	2号
● 积极乐观，不细想自己的问题和困难。	有时候甚至过分天真乐观，主要是为了让自己能保持在开心的状态中，逃避面对内在的问题。率直，喜怒形于色。独处时，大多会想下一步有什么有趣的事可以做。主导7号主要的智能中心是“脑中心”，所以重视以思考的方法驱走恐惧，加上7号的左右侧翼、轻松自在和受压时的状态都不会接触情感智能中心（即“心中心”）的性格类型型号，所以他对很多的感觉也不会感受太深。	主要是想推动、鼓励、支持别人，为的仍然是别人。对于表露负面的情绪较犹豫。独处时，一般会不自觉想起别人的需要，然后前去关心对方。主导2号主要的智能中心是“心中心”，所以较重视与别人关系带来的感觉，而左右侧翼、轻松自在和受压时的状态也不会接触思考智能中心（即“脑中心”）的性格类型，因此不太善于逻辑思考。

● 对人友善，让人愉悦，重视人际关系。	7号使别人愉悦，出发点主要是为了令自己更开心。如果别人诉苦，7号不太能感同身受，只会一心想为对方找出解决方案，不太懂得怎样去安慰对方，最常用的安慰方法是以笑话或欢乐的方式转移对方的注意力。7号看重自己的需要多于别人的需要。 虽然7号可以对他重视的人很好，但是他不会放弃自己的需要或兴趣而迎合别人。和别人需要保持一些距离，不愿别人很需要或缠着他，因为他需要自由的感觉，更不需要人家觉得他不可或缺。	2号使别人愉悦，出发点主要是为了能拉近与他人的距离，令对方更喜欢及接受他。如果别人诉苦，2号会很有同理心，能感同身受，很懂得体贴，会用很积极、很贴心的话来安慰对方。2号重视别人情感上的需要多于自己的需要。 2号会为别人而不顾自己的需要。他对别人的好，是非常主动积极的，好像没有什么界线。需要别人很需要他的感觉，甚至觉得他是不可或缺的。

2号与8号	但其中有所不同的地方是……	
相似的地方	8号	2号
● 主动，自信。	表现得很好胜、爱逞强。需要别人以他为首，为他服务。	表现比较温和。只需要别人需要他，但不需要成为首领，反而向往幕后付出。
● 对人慷慨，喜欢保护别人。	这是为了证明自己有能力，具有强者本色，不易受欺负，是出于自我保护。8号不会克制自己，也不会改变自己来迎合别人。沟通方式直接，带点儿霸气，有时甚至强迫别人顺从他。遇上不高兴时，会直接表达愤怒。支持别人的方法也很直接，凡事实话实说，不重修饰。如他支持的人总是不能自我振作坚强起来，他会失去耐性，直接向他发火。	为了令别人喜欢自己，2号会忽略自己的需要，甚至会改变自己来迎合对方。令对方依赖他而不会离开他。沟通方式间接，对于表达愤怒有很大的困难。支持别人的方法，大多是有耐性地安慰和鼓励对方。但倘若对方持续不改的话，他会先暗示自己的不耐烦，继而暗里操控对方。例如，搞到自己受苦而令对方自责。

轻松自在的8号：会像2号那样，比较温和地关怀别人的情感需要，但也会转向暗里操控。
受压的2号：会像8号那样，比较直接坦率，甚至有点太过自夸自大。

2号与9号	但其中有所不同的地方是……	
相似的地方	9号	2号
● 忽略自己的需要。难以流露令人不安的情绪，例如愤怒、伤心。	其实，也难于流露自己其他所有的情绪或情感。一心只想得到和谐、安宁的环境。被动、低调，不重视自己的形象。很不健康时，甚至会抽离及麻木自己。	偏好流露自己积极正面的情绪。一心只想别人欣赏甚至需要他。比较高调、主动和自信，关注并重视自己表现出来的形象，也自觉自己的优点并喜欢别人赞赏他。很不健康时，会自我膨胀。
● 总以别人的需要为先。	倾向于顺从别人，不向别人或环境提出要求或相反意见，以此逃避不快和冲突，令自己和大家感到舒适。经常被动，不爱做实际的事。不太期望别人重视及欣赏他，很小的响应就足够了。9号想把自己“融入人群”，觉得避免与别人沟通便可避免冲突，让自己安全舒服且没有压力，所以带点抽离，再严重一点时，会不愿意多与人接触。	倾向积极主动地针对某个人的需要做事，乐于做实际烦琐的事情，令对方觉得快乐。期望对方欣赏甚至很需要他。2号喜欢“跳入人群”，不厌其烦地主动为别人做事，令对方觉得他“无私”，而且很依赖他。再进一步时，会暗里操控别人。

分辨 3 号和其他的性格类型

** 3 号与 1 号的分辨，请参阅第 208 页。

** 3 号与 2 号的分辨，请参阅第 213 页。

3 号与 4 号	但其中有所不同的地方是……	
相似的地方	4 号	3 号
● 重视自己的形象。情感热烈。带有竞争性。	形象上强调忠于自己，要真，能表现独特的自我。渴望的情感凝聚于内，吸引别人进一步探索。属于理想主义者，但是没有 3 号的坚持，终究以感觉为先。若有情绪困扰，要先处理自己的情绪，才能继续完成目标。	形象上强调成功，要亮丽鲜明，令人眼前一亮。积极追求完成目标的动力散发于外，让人仰慕。非常坚持，一定以目标为先。就算有情绪困扰，也能置之不理，先完成目标。
● 自己的需要比别人的需要优先。	不会改变自己的原则来迎合别人。对人感到失望的时候，会表现疏离，拒绝进一步的沟通。	有需要的话，例如要完成目标，会放弃自己的原则。就算对人感到失望，但如能助自己迈向成功，也会坚持沟通，希望能说服别人，或激励别人，来帮助自己完成目标。

3号与5号	但其中有所不同的地方是……	
相似的地方	5号	3号
● 会为了完成目标而抽离自己的感觉。喜爱思考或做学术研究。	抽离自己感觉的目的是为了得到更多私人空间，免受情感困扰。负面和正面的情感都不会表现出来。勤奋工作的模式通常不能持久，终究需要独处来让自己充电。花很少的精力于自己的外表，不需要别人的注目。总体而言，注重思考的过程多于关心目标是否能完成。学术研究可以纯粹是为了满足自己喜爱思考的欲望，不在乎别人注意与否。	抽离自己感觉的目的是为了能专心工作，达到成功。但只会抽离负面的感觉，仍喜欢表现乐观。会持续地奋斗，以便自己最终能完成目标。倾向喜欢社交而不喜独处，需要别人欣赏他的形象。不太重视过程，只关注目标是否能完成。就算是学术研究，也只是为了得到人们的认同和注意。
● 自己的需要比别人的需要优先。	不会改变自己的原则迎合别人。对人感到失望的时候，会表现抽离，拒绝进一步的沟通。	有需要的话，例如要完成目标，会放弃自己的原则。就算对人感到失望，但如能助他迈向成功，也会坚持沟通，希望能说服及激励别人，以完成自己的目标。

3号与6号	但其中有所不同的地方是……	
相似的地方	6号	3号
● 做事很实际、勤奋，较难放松自己。	6号危机感很重，做事有较多顾虑，所以表现有点紧张。但克服了怀疑后，6号会很尽责，尽责是为了对所属的团体尽其义务，从而得到安全感。骨子里有点害怕太个人化的成功。整体来讲，比较焦虑悲观。	3号目标清晰，做事勇往直前，所以努力时表现得很自信和自然。有点个人表演的意味，虽然也可以跟别人合作，但是总想超越其他人，从而得到人们的赞赏。喜欢个人化的成功。整体来讲，比较自信，积极乐观。
● 讨人喜欢。	对人友善是为了大家友好相处时能获得安全感，在别人的支持下可以提升自信心。习惯带点儿轻松搞笑来讨好别人。	对人友善是为了令别人喜欢甚至赞赏他。习惯以成功、亮丽鲜明的形象令人们对他留下深刻的印象。

3号与7号	但其中有所不同的地方是……	
相似的地方	7号	3号
● 积极主动，有活力，效率高，脑筋转得快，办事富有弹性，不断有新的目标和计划。	这些表现都是因为他拥有自由选择的权力，以及背后想象的欢乐所驱动，重点是他想得到开心快乐的体验。计划不一定与工作有关，而且不一定会完成。	这些表现都是被预见的成就和能够于人前展示成功的形象所驱动，重点是想通过别人的赞许肯定自我价值。计划通常与工作有关，而且一定会完成。
● 社交能力强。常表达正面情感。但是当与人关系太密切时，会拉开与对方的关系。	保持活跃的社交关系，是为了让自己能保持忙碌，以此逃避被问题困扰。不与别人有太密切的关系，是为了不想受束缚、限制，可以继续保持不同的选择。	保持活跃的社交关系，是为了获得别人的好感，有助他有效地影响对方，协助他在工作上达到目标。不与别人有太密切的关系，是为了避免情感纠葛，影响工作进展。

3号与8号	但其中有所不同的地方是……	
相似的地方	8号	3号
● 自信、果断、好胜。目标行动主导。	目的是要得到尊重。面对反对意见时，会坚持己见，无惧对抗，也不介意展示愤怒。	目的是能从成功里得到别人的认同。面对反对意见时，也会以目标为先，可以为此放弃原则，不与别人对抗。
● 散发着能干的魅力，可能在冲锋期间无意地伤害了别人。	这是一种表达权力的途径。他会很容易并很直接地表达愤怒，也不会压抑自己的需要。对于自己没有被别人征服感到骄傲。	这是为了完成目标。很少会不受控制地表达愤怒，有的话也是有意识地表现出来，以此消除阻碍，去达成他的目标。相对会小心处理与他人的关系。

3号与9号	但其中有所不同的地方是……	
相似的地方	9号	3号
● 实际，不轻易被情感影响。	用的方法是麻木自己的感觉，神游太虚。较被动，完成目标的动力较小。	用的方法是保持冷静客观，把感情搁在一旁不受干扰。比较主动，完成目标的动力较大。

● 对人感情淡薄但态度仍是亲切的，以别人的需要为先。	为的是避免意见不和而引起冲突，只想得到和谐的感觉。被动地跟随别人的意见，以别人的目标和计划为先。	为的是避免被感情左右而影响完成目标。基本上不太以自己的需要为先，但若阻碍他达成目标，便会争取。

轻松自在的 9 号：会像 3 号那样，增强完成自己目标的动力和专注力。也会比较注重自己的形象。
受压的 3 号：会像 9 号那样，被动，行动力大减，做事的优先次序效能降低，易被次要的事情转移专注力。也会把自己的目标和形象搁在一旁。

分辨 4 号和其他的性格类型

** 4 号与 1 号的分辨，请参阅第 209 页。
** 4 号与 2 号的分辨，请参阅第 213 页。
** 4 号与 3 号的分辨，请参阅第 218 页。

4 号与 5 号	但其中有所不同的地方是……	
相似的地方	5 号	4 号
● 偏好自我内省。敏感。	客观、冷静，感情淡薄。会以不同角度的理性分析进行自省，然后思考得出结论，以及改善解决的方法。	主观，容易激动及情感强烈。自省时会沉溺在自己的情感起伏及虚拟的情节当中，不会急于想办法解决问题。
● 很少表达正面的情感，有时候表现腼腆。以自我需要为先。	为了保持精力和自我独立性喜欢抽离，属于最为抽离的类型。只想维持冷静和稳定的人际关系。	内里渴求从别人身上得到更多的。属于最易被感觉和情感影响的类型。偏好与人建立浓烈或特殊的关系。

4 号与 6 号	但其中有所不同的地方是……	
相似的地方	6 号	4 号
● 工作尽责，会尽心解决问题。	尽心尽责地工作是为了拥有稳定的事业，生活上得到安全感。	理想主义者。尽心尽责地工作并要漂亮地解决问题，因为这样能带给他很好的感觉。

● 有较小动力去影响别人。	寻觅稳定和安全的人际关系。不想落入感觉和渴求的圈套。就算是关系亲密，也要进行分析。	偏好与人建立浓烈或特殊的关系。经常制造拖拉、不稳定的局面。会被感觉和渴求所吸引。如果感觉够浓烈的话，他就相信那是真的。
● 容易陷入苦恼和痛苦的状态。	源自思想上出现不同的挣扎及矛盾。	源自不能自拔的情绪波动。

4号与7号	但其中有所不同的地方是……	
相似的地方	7号	4号
● 理想主义者。情感热烈，容易变得情绪高涨。希望生命是有趣并令人兴奋的。	是最乐观和最能寻求快乐的性格类型，会以极多的行动创造有趣的感觉。躲开痛苦和负面的情绪。	偏好沉溺在渴求的忧怨凄美感觉里，不一定会去行动。接受痛苦是生命的一部分，甚至享受痛苦。
● 把注意力放在他想要的东西及感觉上。以自我为中心，为人任性。	被开心和富有新鲜感的事物驱动。喜欢看起来醒目并讨人喜欢，在陌生的社交场合里，善于交际应酬，表现和感觉都可以很自然。	被刁钻的需求驱动。喜欢高雅，不太爱表现得很愉快，在陌生的社交场合里倾向隐藏自己，表现得不太自然。

4号与8号	但其中有所不同的地方是……	
相似的地方	8号	4号
● 拥有较激烈、迫切的情感，要求别人对他百分之百真诚。	激烈是指能量方面，他可以驾驭自己的感受，用巨大的能量来支持他的行动。	激烈是指情绪高低起落方面，会失控地深深坠进感觉里，导致迷失方向，失去行动力。
● 较以自我为中心。	背后的动机是想巩固自己的权力，想影响甚至支配他人来显示他的威势。喜欢直接表达自己的想法，凡事有话直说。	背后是刁钻的要求，不想直接影响他人，会用间接的操纵，例如以退为进的方法等。相对不喜欢直接表达自己的想法，希望别人能猜到他的心意。

4号与9号	但其中有所不同的地方是……	
相似的地方	9号	4号
● 易于在环境中迷失自己或只顾专注于自己。也容易陷入自尊心低落的状态，令自己缺乏行动的动力。	始终以他人的需要为先，轻易及自动地忘记自己的重要性，融入团体中。情感不热切，经常都是沉着冷静，保持平和的状态，麻木自己，避免被悲伤的情感干扰。	始终以自己的需要为先，在团体里偏好与众不同，较难被同化及投入当中。情感热切，又带点紧张，偏好接触悲伤的情感。
● 重视人际关系。待人可以很细心体贴，同理心强。	需要的是和谐的关系。即使被他人忽略，也不会太介意，即使自己的需要不被关注，也只会选择不去面对。	需要的是特殊和有深度的关系。非常介意被他人忽略，若是生命中重要的人，4号会很有技巧地令他人再度留意及关注自己。

分辨5号和其他的性格类型

** 5号与1号的分辨，请参阅第209页。
** 5号与2号的分辨，请参阅第214页。
** 5号与3号的分辨，请参阅第219页。
** 5号与4号的分辨，请参阅第221页。

5号与6号	但其中有所不同的地方是……	
相似的地方	6号	5号
● 不会轻易信任别人。	相对友善和付出，但是又可能变得很多疑。对抗恐惧型的6号可能又有比较爱玩或反叛的行为。	较退缩，极不想与别人存有任何瓜葛。

● 思考型。凡事偏好分析及思考，行动力比较低。	思考的倾向是想找出有问题的地方并想出可靠的方法解决它。过程中经常会怀疑自己的头脑而产生不安的情绪。危机感强，对别人或环境的反应很敏感，焦虑和担心的情绪不一定表现出来。因为犹豫，所以行动力比较低。但有时候为驱走恐惧，可能会冲动行事，所以反应也可以很矛盾、极端或强烈。	思考的倾向比较创新、反传统或大胆。过程中认为只能相信自己的头脑。极度抽离自己的感觉，对身边的人和事不够敏感，对环境的反应远不如 6 号，常因觉得自己还未知道事实的全部，所以缓于行动。

5 号与 7 号	但其中有所不同的地方是……	
相似的地方	7 号	5 号
● 好奇心重，有创意，热衷于思想上的探索。偏好搜集某些物件。避免不快的感觉。	思想的探索或搜集物件大多是为了令自己可以继续拥有很多的选择，不用舍弃任何的一项，目的是得到开心的体验。7 号总是不能停下来，活动很多。为避免不快的感觉，会积极地向好的方面想，通常会过于乐观。他有多样性的想法，他的天赋是宽阔的视野。	思想的探索或搜集物件的动机是为了寻求万物背后运作的原理。基本上避免所有的感觉，不快的或快乐的感觉都想抽离。他的天赋是专注。
● 个性上比较独立，喜欢依靠自己。重视满足自己的需要和欲望，忽略照顾别人的需要。不想影响或改变别人。	动机是为了令自己有开心愉快的体验。朋友很多，社交圈子很广，这样才能保持很多的选择，便于找乐子。重视满足自己的欲望，贪多，认为拥有越多越好，眼阔肚窄，欲望大多与物质及享乐有关。	动机是为了拥有更多自己的时间和空间，不让别人干扰。朋友甚少，社交圈子很窄。重视满足自己的欲望是因为老是认为自己还不知道事实真相的全部，觉得有不足，有欠缺，所以不想分享自己不足的部分。欲望大多与知识有关，相反物质上的要求比较低。

轻松自在的 7 号：会像 5 号那样，凝聚于内，专注、冷静，愿意深入学习。比较客观。
受压的 5 号：会像 7 号那样，变得主动外向，与别人交往也没那么专注。

5号与8号	但其中有所不同的地方是……	
相似的地方	8号	5号
● 注重真相及别人对自己的尊重。很抗拒被控制，会表示反抗。	怕被人控制是因为害怕自己的权力受到威胁，不能自主，而反抗是为了体现自己的权力，征服别人。8号是最爱表达自己及扩张自己能量的类型。情感激进偏激，很勇于表达自己的情绪，不管是正面或负面的，不擅抑制自己的愤怒。被威吓的时候，会与人抗争。很多时候，做了才想。	怕被控制是因为害怕受到剥削和苛索，而反抗的目的是为了保存自己的精力和资源。5号是最不爱表达自己及保存自己能量的类型。情感抽离，不喜欢表达自己的情绪，不管是正面或负面的，是最有抑制力的类型。被威吓的时候，通常会显得有点恐惧或焦虑。很多时候，想了也不一定做。
● 以自己的欲望为先，不会为了迁就别人而改变自己的价值。	但是遇上别人受到不公平的对待，会拔刀相助，尤其是他认为是自己需要保护的人。他认为对的事情，也会积极去改变别人。	尽量避免与人有感情上的交流。遇到不公平时大多会退缩。别人的事，很少会插手干预及理会。
轻松自在的5号：会像8号那样，变得外向并敢于表达自己，包括愤怒。与人有较多交流。 受压的8号：会像5号那样，变得内省保守，有点退缩，需谨慎思考才会行动。		

5号与9号	但其中有所不同的地方是……	
相似的地方	9号	5号
● 内向，喜欢观察。沉静，几乎注意不到他的存在。情感淡薄，拖延行动。	不善于分析思考。行动大多靠直觉而为。专注力低。	非常善于分析思考。行动大多经过仔细分析。专注力强。
● 被周围的人与事影响较大的时候，会退缩、逃避。	平常是最能融入人群中的类型，喜欢与大伙儿和谐相处，以别人的需要为先，经常忘记自己的需要。与别人的界线很模糊，也倾向信任别人。	是最爱从人群中抽离的类型，喜爱独处，以自我的需要为先，保存自己的资源、时间和空间。很自觉地跟别人保持界线，也倾向多疑。

分辨 6 号和其他的性格类型

** 6 号与 1 号的分辨，请参阅第 210 页。

** 6 号与 2 号的分辨，请参阅第 215 页。

** 6 号与 3 号的分辨，请参阅第 219 页。

** 6 号与 4 号的分辨，请参阅第 221 页。

** 6 号与 5 号的分辨，请参阅第 223 页。

6 号与 7 号	但其中有所不同的地方是……	
相似的地方	7 号	6 号
● 思路敏捷，想象力丰富，相信有很多的可能性。	脑子里总在盘算能带来快乐的可能性，偏好把事情想象得很正面。不喜欢太有架构性的限制，爱扩张选择的自由，喜欢惊奇、冒险。	思考的范围多为评估最差的情况，偏好想象事情负面的地方。喜欢有组织性的架构及可预知的界限，以获得稳定及安全感，喜欢事情是可预测的。
● 不太理会别人的事，也不会积极改变别人。	他最关心的是自己能否得到快乐，所以不会压抑自己的欲望。逃避承诺。不太关心别人的动机，只要别人不限制他便可。	他最关心的是能否确保行为的安全性。偏好承诺，因它能带来稳定。经常怀疑别人的动机。

6 号与 8 号	但其中有所不同的地方是……	
相似的地方	8 号	6 号
● 认为这个世界是不友善，不能信赖，随时需要对抗的。	总认为有不公平存在，需要他伸张正义。容易扮演领袖的角色。跟随直觉行动，毫不犹豫或毫无惧色，未必经过细想去避开危险。	总认为有危险，他需要避开它或冲着去对抗恐惧（“对抗恐惧型”的 6 号）。不容易扮演领袖的角色。会谨慎考虑才行动，但仍会恐惧及犹豫，即使已经决定了，还会质疑自己的决定是否稳当。

● 急需别人先了解他的立场才能缓和情绪。	说话率直且很容易切入重点。	会以冗长的解释或重复诉说来让别人了解他。
● 极希望一切都在他的控制之下，颇具侵略性。	自我膨胀，不会压抑自己的欲望或想法。 控制的方式是直接支配周遭的环境，迫使别人顺从他。对抗有很专注的方向感，立场坚定。别人对他的忠心可以换来他的保护。	会考虑放纵行为所产生的问题，所以比较保守。 控制的方式："对抗恐惧型"6号会反抗，运用策略，但欠缺明确的方向感。而"恐惧型"6号则会采取逃避的行为。无论是哪种6号，有时候行为都偏向极端，不一致。

6号与9号	但其中有所不同的地方是……	
相似的地方	9号	6号
● 寻求安稳，尽量维持现状不变。避免面对新的挑战。	有困难的时候，还会保持沉着。在随和的表象底下，可能是非常固执的抗拒或不愿意被扰乱。很少因生活上的起落而表现不快。可以在他的内在安宁中保持自在和沉默，很少主动找人诉苦或发泄情绪。	如果他相信有问题，通常会表现得很紧张及带有防卫性，容易被困难影响，不善于掩饰他的负面情绪。需要定期对别人发泄情绪以排解他的恐惧及怀疑。
● 避免与人发生冲突。	最能为别人设想的类型，很容易代入别人的立场。对别人存疑或测试别人之前，已经与别人融合起来，并受别人影响。	一般与人保持一段距离，抗拒被别人影响。让别人接近他之前，通常会有点儿存疑或尝试测试一下其动机。
轻松自在的6号：会像9号那样，比较沉静自在，享受与别人相处。 受压的9号：会像6号那样，焦虑增多，对人产生很多怀疑。		

分辨 7 号和其他的性格类型

** 7 号与 1 号的分辨，请参阅第 211 页。

** 7 号与 2 号的分辨，请参阅第 215 页。

** 7 号与 3 号的分辨，请参阅第 220 页。

** 7 号与 4 号的分辨，请参阅第 222 页。

** 7 号与 5 号的分辨，请参阅第 224 页。

** 7 号与 6 号的分辨，请参阅第 226 页。

7 号与 8 号	但其中有所不同的地方是……	
相似的地方	8 号	7 号
● 外向，自我肯定，抗拒限制及被操控，精力充沛。	能够接受不快或痛苦的感觉，愿意面对及处理问题，直接对抗矛盾冲突。通常能活在当下。	会逃避不快或痛苦的感觉，遇到困难会以辩解或合理化来开脱，也会逃避矛盾冲突。通常在脑子里不停地计划将来或下一步的事情，较难活在当下。
● 以自己的需要为先。	动机是为了体现自己的权力。 说话率直。有时候会吓到别人。 行为上有时带有挑衅性，激发冲突。 经常会支配别人及发泄自己愤怒的情绪。如果别人冲着他发火，他的第一反应是反击。	动机是为了单纯的欢乐。 说话迂回又善辩。希望被别人喜欢，经常带着愉快的表情。 尽量避免冲突。很少表达不愉快的情绪。不会支配别人。如果别人冲着他发火，他马上会加以解释，或以说笑的方式缓和别人的怒气。

7号与9号	但其中有所不同的地方是……	
相似的地方	9号	7号
● 希望生活是愉快的，避免不快和矛盾冲突。	内向。性情温和，节奏缓慢，通常是别人对他没耐性。易于满足现状。拖延行动，等待别人采取主动。	外向。情感热烈，节奏明快，容易没耐性。追求新奇及刺激的事物和活动。行事主动。
● 希望被别人喜欢，不想影响别人。反过来，也不想别人对他有所要求。	是为了保持和谐的气氛。倾向谦卑，不爱出风头。	是为了避免不快而影响自己愉快的心情。倾向自我抬举，好让自己感觉良好。
不会表达自己的不快情绪，只表达好的情绪。	总是为别人设想，忘记自己的看法及需要。	出发点总是为了自己的需要，比较自我，忽略别人的需要。

分辨 8 号和其他的性格类型

** 8 号与 1 号的分辨，请参阅第 212 页。

** 8 号与 2 号的分辨，请参阅第 216 页。

** 8 号与 3 号的分辨，请参阅第 220 页。

** 8 号与 4 号的分辨，请参阅第 222 页。

** 8 号与 5 号的分辨，请参阅第 225 页。

** 8 号与 6 号的分辨，请参阅第 226 页。

** 8 号与 7 号的分辨，请参阅第 228 页。

8号与9号	但其中有所不同的地方是……	
相似的地方	9号	8号
● 会被当下很实在的经验所吸引。凭直觉行事，比较顽固。	难于下决定，拖延行动，等待别人采取主动。节奏缓慢，通常是对方对他没耐性。情感淡薄。 虽然表面随和，但内里很固执。	外向。不惧对抗矛盾冲突。果断，行事主动。节奏快速，容易没耐性。情感激进，经常发泄愤怒。 直接表达他的坚持、固执，甚少修饰。
● 很为别人着想，不计回报。	善于从别人的角度设想，是最为别人设想的类型。不会支配别人，不会表达自己的不快。	以自己的看法来替对方设想但动机是保护对方。经常支配别人。直率地表达自己的情绪，包括愤怒。

分辨 9 号和其他的性格类型

** 9 号与 1 号的分辨，请参阅第 212 页。
** 9 号与 2 号的分辨，请参阅第 217 页。
** 9 号与 3 号的分辨，请参阅第 220 页。
** 9 号与 4 号的分辨，请参阅第 223 页。
** 9 号与 5 号的分辨，请参阅第 225 页。
** 9 号与 6 号的分辨，请参阅第 227 页。
** 9 号与 7 号的分辨，请参阅第 229 页。
** 9 号与 8 号的分辨，请参阅第 230 页。

附录　参考书目

下面所列图书是本书的参考书目。为了方便读者寻找有兴趣的图书阅读，我们在此特别比较了这些书的内容，以各种内容大约页数所占的百分比，作出了以下分析。

九型人格基本知识	如何识别自己的性格类型	各种性格类型剖析	如何分辨相似的性格类型	各种性格类型的成长策略	如何与各种性格类型的人相处	其他内容
翻译书						
1. 九型人格爱情 Mix & Match ● 作者：铃木秀子（译者：吴辉）● 出版社：经要文化 / 香港 ● 出版年份：2006						
13%	4% 问卷测验，有 108 项自我陈述，读者可找切合自己的陈述，以辨别自己的类型。	33% 各类型在亲密关系中的心理状况及行为表现，处理感情的特色。		9%	41% 深入探讨各类型女士与其他类型男士在亲密关系中的互动，以及如何改善大家的关系。	
2. 你是哪种人：9 型人格测验及指南 ● 作者：戴维・丹尼尔斯、弗吉尼亚・普赖斯 ● 出版社：中信出版社 / 北京 ● 出版年份：2005						
	23% 有 9 段自我陈述，读者找出切合自己的陈述，然后说明每段陈述最有可能的几种类型，例如 3 号的可能性是 54%，7 号的可能性是 13% 等。	31%	11% 比较每一类型与其他 8 个类型的异同。共 36 对类型的异同。	35%		
3. 性格型态：心理取向的九种人格分类 ● 作者：唐理查・里索（译者：吴振能等）● 出版社：远流 / 台北 ● 出版年份：2005						
12%		88%				

九型人格基本知识	如何识别自己的性格类型	各种性格类型剖析	如何分辨相似的性格类型	各种性格类型的成长策略	如何与各种性格类型的人相处	其他内容
4. 寻找灵魂伴侣：从九型人格解析人际关系 ● 作者：兰妮・巴伦、伊丽莎白・华盖利（译者：李美珍）● 出版社：世茂／台北 ● 出版年份：2004						
4%	5% 每一类型列出20项自我陈述，协助读者辨别自己的类型。	38% 内有描述附属子型、相对个性、侧翼个性。	14% 比较25对类型的异同。		31% 独特数据：各类型对其他类型正面及负面的看法。	7% 请参阅第237页之备注(1)。
5. 善用你的性格型态 ● 作者：唐理查・里索（译者：彭淑美）● 出版社：远流／台北 ● 出版年份：1999						
10%	17% 每一类型列出20项自我陈述，协助读者辨别自己的类型。	38% 有作者原创的9个性格成长层次理论。	15% 比较25对类型的异同。	8%		12% 说明各类型可能出现人格病态的地方，以及各类型与灵性的关系。
6. 认识九型人格：重现古老的灵魂智慧 ● 作者：凯伦・魏（译者：翁静育）● 出版社：世茂／台北 ● 出版年份：2005						
20%		54% 内有描述附属子型。	10% 比较每一类型与其他8个类型的异同。共36对类型的异同。	8%	8%	

翻译书顺序的英文原名

（1）Aisuru Hito Aisareru Hito No Kokonotsu Seikaku ● 作者：Suzuki, Hideko

（2）The Essential Enneagram: The Definitive Personality Test and Self-Discovery Guide ● 作者：Daniels, David 及 Price, Virginia ● 出版社：HarperSanFrancisco ● 出版年份：2000

（3）Personality Types: Using The Enneagram for Self-Discovery ● 作者：Riso, Don ● 出版社：Houghton Mifflin ● 出版年份：1987

（4）Are You My Type, am I Yours? - Relationships Made Easy Through the Enneagram ● 作者：Baron, Renee 及 Wagele, Elizabeth ● 出版社：HarperCollins ● 出版年份：1995

（5）Understanding the Enneagram: The Practical Guide to Personality Types ● 作者：Riso, Don ● 出版社：Houghton Mifflin ● 出版年份：1990

（6）The Enneagram ● 作者：Webb, Karen ● 出版社：HarperCollins ● 出版年份：1996

九型人格基本知识	如何识别自己的性格类型	各种性格类型剖析	如何分辨相似的性格类型	各种性格类型的成长策略	如何与各种性格类型的人相处	其他内容
中文书						
1. 9型人格创富心法 • 作者：唐秀连 • 出版社：经世文化/香港 • 出版年份：2006						
12%	6% 请参阅第237页之备注(2)。	72%		10% 以动物漫画来比喻各类型成长之前及之后的特质。		
2. 9型人格恋爱心法 • 作者：唐秀连 • 出版社：经世文化/香港 • 出版年份：2005						
9%	5% 请参阅第237页之备注(2)。	57%		3%	25% 深入探讨各类型与本身及其他类型在亲密关系中的互动，以及如何改善大家的关系。	
3. 九型人格 因型施教 让孩子活出自己 • 作者：黄茵 • 出版社：ICC Ltd /香港 • 出版年份：2006						
7%		73%			20% 建议父母如何教育各类型的子女。另以个案研究解释。	
4. 九型人格全接触 • 作者：林炜舜 • 出版社：红出版/香港 • 出版年份：2005						
8%		57%		22%		13% 详列学习九型人格的常见问题。
5. 心理地图 • 作者：凌永康、黄茵 • 出版社：一学堂/香港 • 出版年份：2004						
14%	4% 每类型列出20项自我陈述，协助读者辨别自己的类型。	62% 有各类型的自白，以及利用九型人格自我成长后的分享。		12%	8%	

九型人格基本知识	如何识别自己的性格类型	各种性格类型剖析	如何分辨相似的性格类型	各种性格类型的成长策略	如何与各种性格类型的人相处	其他内容
6. 打开心锁的密码：九型人格心理学 ● 作者：顾修全、黄晓红 ● 出版社：皇冠 / 香港 ● 出版年份：2005						
18%	7% 问卷测验，有108项自我陈述，读者找出切合自己的陈述，以辨别自己的类型。	52%		23% 以动物漫画来比喻各类型成长之前及之后的特质。		
7. 如何活用九型图 ● 作者：邝炳钊 ● 出版社：天道书楼 / 香港 ● 出版年份：2003						
1%	14%	72%		12% 并没有各类型如何成长的建议，而各有一篇祷文，以及以几个问题让读者反省有什么具体计划改变自己。		
8. 你，到底是谁？——人格九型密码 ● 作者：林群华 ● 出版社：布波 / 台北 ● 出版年份：2005						
12%		80%		7%		
9. 读心术：了解9型人格 ● 作者：林宝岛、石芳瑜 ● 出版社：良辰 / 台北 ● 出版年份：1999						
9%	4% 间接的问卷测验。测定读者在以“父母”“成人”“孩子”命名的代表特质下的得分，再解释九型人格各类型在此测验的得分情况。	61%	21%	2%	4%	

九型人格基本知识	如何识别自己的性格类型	各种性格类型剖析	如何分辨相似的性格类型	各种性格类型的成长策略	如何与各种性格类型的人相处	其他内容
英文书						
1. The Enneagram Made Easy：Discover the 9 Types of People ● 作者：Baron, Renee 及 Wagele, Elizabeth ● 出版社：HarperSanFrancisco, New York ● 出版年份：1994						
4%	7% 每一类型列出20项自我陈述，协助读者辨别自己的类型。	38%		32%	3%	15% 请参阅第237页之备注(3)。
2. The 9 Ways of Working：How to Use the Enneagram to Discover Your Natural Strengths and Work More Effectively ● 作者：Goldberg, Michae ● 出版社：Marlowe & Co., New York ● 出版年份：1999						
7%		71% 深入探讨各类型的特质，以及在工作中的心理状况及行为表现。		3%	19% 深入探讨各类型与本身及其他类型在工作和亲密关系中的互动，以及如何提高工作效能及改善大家的关系。	
3. The Enneagram for the Spirit ● 作者：Horsley, Mary ● 出版社：Barron's Educational Series, New York ● 出版年份：2005						
7%		28%		62% 以五行（金木水火土）及练习不同的瑜珈姿势来建议成长的方法。	3%	
4. Bringing Out the Best in Yourself at Work：How to Use the Enneagram System for Success ● 作者：Lapid-Bogda, Ginger ● 出版社：McGraw-Hill, New York ● 出版年份：2004						
8%	4% 引导读者以自省形式及各种情绪反应等方法来辨别自己的类型。	37% 描述各类型在工作中的心理状况及行为表现。		34% 深入探讨如何提高自己的工作效能。另以个案研究解释。	13% 深入探讨如何改善与各类型在工作职场中的关系，以及提高工作效能。另以个案研究解释。	4%

九型人格基本知识	如何识别自己的性格类型	各种性格类型剖析	如何分辨相似的性格类型	各种性格类型的成长策略	如何与各种性格类型的人相处	其他内容
5. The Enneagram：Understanding Yourself and the Others in Your Life ● 作者：Palmer, Helen ● 出版社：HarperCollins, New York ● 出版年份：1991						
16%		76%		5%		2%
6. The Enneagram Advantage：Putting the 9 Personality Types to Work in the Office ● 作者：Palmer, Helen 及 Brown, Paul ● 出版社：Harmony Books, New York ● 出版年份：1998						
9%	4% 有9段自我陈述，读者找出切合自己的陈述，然后说明每段陈述相应的类型，及各类型的特质清单，协助读者辨别自己的类型。	44% 深入探讨各类型的特质，以及在工作中的心理状况及行为表现。		3%	40% 深入探讨如何与各类型在工作职场中相处，以及提高工作效能。另以个案研究解释。	
7. The Enneagram in Love & Work：Understanding Your Intimate & Business Relationships ● 作者：Palmer, Helen 及 Brown, Paul ● 出版社：HarperCollins, New York ● 出版年份：1995						
8%		53% 深入探讨各类型的特质。简介各附属子型，以及各类型在工作及亲密关系中的心理状况及行为表现。			39% 深入探讨各类型与本身及其他类型在工作及亲密关系中的互动，以及如何提高工作效能，改善大家的关系。	
8. The Wisdom of the Enneagram：The Complete Guide to Psychological and Spiritual Growth for the Nine Personality Types ● 作者：Riso, Don 及 Hudson, Russ ● 出版社：Bantam Books, New York ● 出版年份：1999						
20%	2%	58%		20%		

九型人格基本知识	如何识别自己的性格类型	各种性格类型剖析	如何分辨相似的性格类型	各种性格类型的成长策略	如何与各种性格类型的人相处	其他内容
	列出两组自我陈述，每组各有 3 项。读者从每组中各选出一项最切合自己的陈述，来辨别自己的类型。					
9. An Introduction to the Enneagram：Personality Styles and Where You Fit ● 作者：Wagner, Jerome ● 出版社：MJF Books, New York ● 出版年份：1996						
28%		72%				

备注

(1) 独特资料(一):

①各类型的男女会选择本身及其他类型作为伴侣的常见程度，例如 3 号的女性选 8 号的男性是最少见的。

②简介 MBTI(Myers-Briggs Type Indicators)的 16 种性格类型的特质以及如何改善大家的关系。

③各九型人格类型的男女会是某几种 MBTI 类型的常见程度，例如 5 号是 INTP 的直觉思考者最常见。

(2) 引导读者运用智能中心、性格整合与性格恶化，及侧翼的性格，通过自省来找出自己的类型。另外，也有一个问卷测验，有 108 项自我的陈述，读者找出切合自己的陈述，来辨别自己的类型。

(3) 独特资料(二):

①简介 MBTI 的 16 种性格类型的特质。

②简介九型人格类型在不同 MBTI 分类下的特质，例如外向性的 8 号的特质。

③各九型人格类型会是某几种 MBTI 类型的常见程度，例如 5 号是 INTP 的直觉思考者最常见。

此书也参考了由 Helen Palmer 执教的 The Enneagram Professional Training Program(9 种性格专业培训课程)，以及由 Jerome Wagner 执教的 Enneagram Spectrum Training and Certification Program(九型性格彩虹文凭课程)内的笔记及讲义数据。